果鉴 果饮 果瘦

女人果经图解一本通

她品美味课题组 主编

江苏凤凰美术出版社

图书在版编目（CIP）数据

果鉴果饮果瘦：女人果经图解一本通 / 她品美味课题组主编. -- 南京：江苏凤凰美术出版社，2014.7
（优雅女人系列）
ISBN 978-7-5344-7271-8

Ⅰ. ①果… Ⅱ. ①她… Ⅲ. ①果汁饮料－制作 ②果汁饮料－食物疗法 ③水果－美容－基本知识 Ⅳ. ①TS275.5 ②R247.1 ③TS974.1

中国版本图书馆CIP数据核字（2014）第050961号

策划编辑 袁梅苹
责任编辑 刘晓娟
装帧设计 水长流文化
责任监印 朱晓燕

出版发行 凤凰出版传媒股份有限公司
江苏凤凰美术出版社（南京市中央路165号 邮编：210009）
北京凤凰千高原文化传播有限公司
出版社网址 http://www.jsmscbs.com.cn
经　　销 全国新华书店
印　　刷 北京凯达印务有限公司
开　　本 787mm×1092mm　1/20
字　　数 250千字
印　　张 8
版　　次 2014年7月第1版　2014年7月第1次印刷
标准书号 ISBN 978-7-5344-7271-8
定　　价 36.00元

营销部电话　010-64215835－801
江苏美术出版社图书凡印装错误可向承印厂调换 电话：010-64215835－801

目录

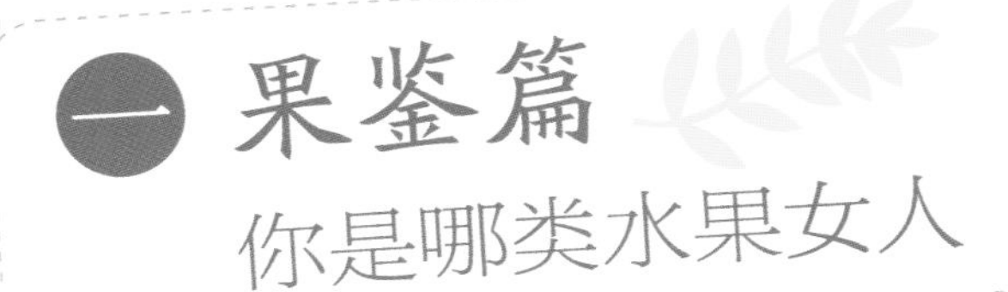

一 果鉴篇 你是哪类水果女人

二 果饮篇 滋润饱口福，瞬变俏佳人

美味果饮法则

35种果汁推荐

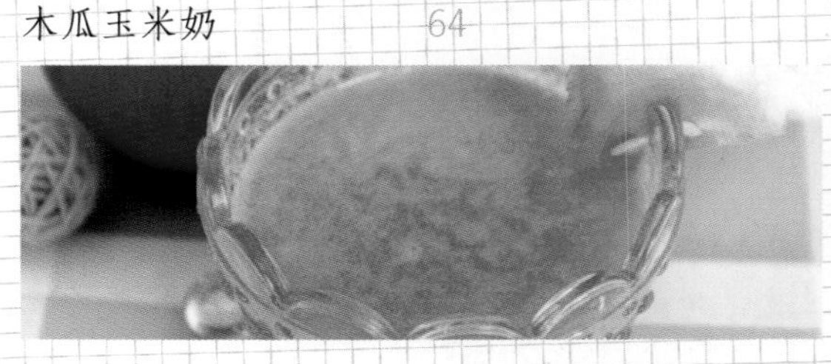

二 果膜篇
女人靓肤要有自然气

美颜果膜法则

49种果膜推荐

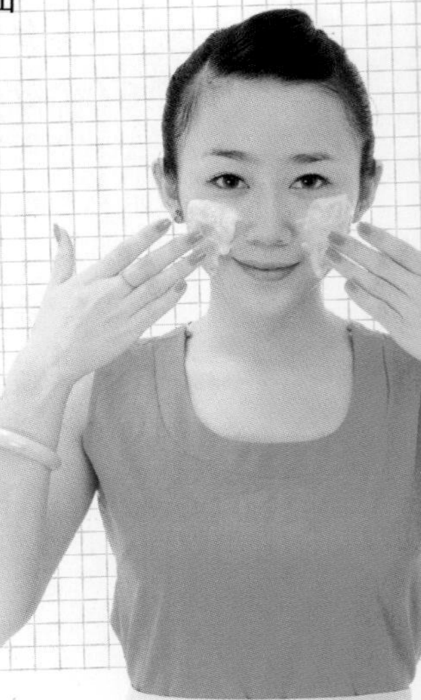

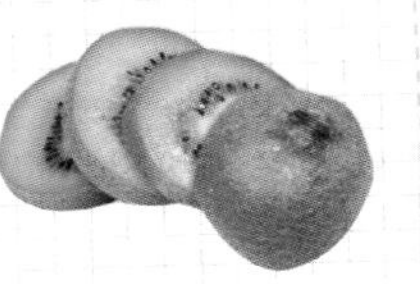

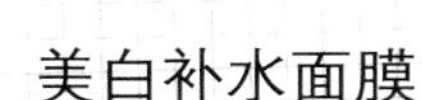

四 果饭篇

百变口味轻松享“瘦”

美丽果饭法则

35种果饭推荐

一 果鉴篇：
你是哪类水果女人

发掘水果可助女人消脂养颜的秘密

女人与水果有着千丝万缕的缘分。人们常常把女人比作水果，有的如草莓般浓艳欲滴，有的像荔枝般晶莹剔透，有的如樱桃般小巧迷人，还有的像西瓜般珠圆玉润……女人的确如水果，她们都有着水果般漂亮的外表，具有独一无二的特质。

漂亮女人自然会喜爱一切漂亮的事物，水果餐是其中之一。水果餐是由纯天然的水果自身所含的营养配比而成的，或是作为平时美味的零食，又或是当作外用的天然护肤品，都能让我们达到美白、补水、瘦身、抗衰老的作用，且最大程度地避免了化学物质对我们身体的伤害。但女人用水果也应“有道”，这样才能达到事半功倍的美丽效果。

水果多多未必减肥

虽说水果中的不溶性纤维能防止肠胃系统的病变，具有刺激肠胃蠕动、通便排毒的作用，可助瘦身一臂之力，但也不能为了减肥就把水果当主食食用，否则不但无法减轻体重，反而会适得其反。因为水果中含有大量水分，还有些果肉中含有大量糖分，而且是容易消化的单糖和双糖，一旦过度食用，更容易让人发胖。

吃水果保质更要保量

只有保质保量地吃水果，才能有效减肥。所谓保质保量，就是严格遵守营养师以“一份两份”的标准来吃水果。有些人会问：一份水果是多少？按照水果的个头来算就行了，一份水果就是两个类似奇异果等小型水果的总和，或是一个如苹果类中型水果的分量，又或是半个如西柚类水果大小的分量。每次吃水果，以2份水果为上限。

“洋”水果和“土”水果的纷争

人们常说“外来的和尚好念经”，加上洋水果大多披着“高营养”“高价格”等外衣，所以洋水果受到不少人的青睐。然而，其实远道而来的水果未必就比本土水果更健康、更营养，有时反而会因储藏、运输等原因，导致洋水果体内的营养素大量流失。众所周知，水果的储藏时间较短，例如香蕉，一旦成熟就要趁着新鲜吃，否则就会过熟，造成营养浪费。而在长时间运输途中，进口水果多半是在其半熟时就打包封箱运往市场，进而造成水果在运输途中营养物质的降解，新鲜度无法保证。

水果最好在餐前食用

有研究表明：如果在进餐前20～40分钟吃些不太酸涩的水果或者饮一杯美味的果汁，就可以防止因进餐过多而导致的肥胖。因为水果中不仅含有粗纤维，能让胃部产生饱胀感，而且其中富含的果糖和葡萄糖能被机体快速吸收，从而提高血糖浓度，并降低食欲。但值得注意的是，有些水果不能空腹食用，如柿子、山楂、菠萝等。

女人必知的20种水果逐个鉴

专用水果刀削皮更卫生

苹果

俗语说："一天一苹果，疾病远离我。"可见苹果是健康饮食的重要组成部分。在饭前吃一个苹果，不仅能增加饱腹感、降低进食量，还能帮助降低饭后胆固醇，有效拒绝肥胖。苹果是众多爱美女士减肥的首选水果，但苹果中钾元素含量丰富，进食量应控制在每天1～2个，切不可贪食，否则不利于心脏和肾脏的养护。此外，给苹果削皮是有效隔绝农药的方法之一，但削皮的刀具不能选用普通切菜的刀，而应是专用苹果削皮刀，普通菜刀切菜品种繁多，用来切水果容易使人感染寄生虫病。

生吃熟吃都香甜可口

香蕉被称为"开心水果"，因为它富含维生素B_5等成分，是人体的"开心激素"，能有效帮助人们减轻压力和解除烦恼，令人心情开朗。此外，香蕉还是爱美女性减肥的上上品，食物纤维丰富，但热量却很低，生吃熟吃都不用担心会长胖。香蕉可放在冰箱中冰镇后再吃，口感会比常温下食用更好；也可切片后裹鸡蛋和面粉，然后用油炸后食用；更可捣烂成泥，混入牛奶，冰冻后做成冰棒。

不过吃香蕉也有禁忌，如空腹时就不应吃，否则香蕉中的糖分会影响人体内的血液循环。每天吃香蕉也不能过量，1～2根即可，多吃容易引起体内微量元素失调。

猕猴桃

精挑细选，完好无伤者最佳

猕猴桃的果肉中有像黑芝麻一样的黑色物质，那种物质中含有丰富的维生素E，具有美化肌肤、延缓衰老的功效，因而猕猴桃也深受爱美女性的青睐。此外，猕猴桃中还含有多种氨基酸，可作为脑部神经传导物质并促进生长激素分泌。多吃猕猴桃还能预防女性贫血导致的骨质疏松，且抑制体内胆固醇在体内堆积，从而避免肥胖，帮助减肥。

但猕猴桃有通便的作用，腹痛、腹泻或正在例假期间应尽量避免食用这种水果。挑选猕猴桃时，应选外形饱满、果皮上没有破损且果肉捏起来软硬度适中的。

樱桃

小果补铁要注意数量

樱桃形如珍珠，但色泽却如红色玛瑙，味道酸甜有度，既可用来鲜食或榨汁饮用，也可当作菜品的点缀，给人良好的视觉感受，促进食欲。樱桃含铁量非常丰富，为各种水果之首。常吃樱桃可促进人体内血红蛋白再生，既可预防缺铁性贫血，又可增强体质，调气活血。樱桃还可助爱美女性养颜驻容，让皮肤红润嫩白。

但由于樱桃含铁量高，再加上樱桃内含有一定量的氰甙，若过多食用会导致铁中毒或氢氧化物中毒。所以即便樱桃好吃，也应将食量控制在每次约5颗且每天至多不超过10颗的基础上。

柑橘

食量以每天3个为上限

在中医的眼里，柑橘全身上下都是宝：柑橘果肉可食用，柑橘皮及柑橘皮内的白色筋络可用来治病，具有化痰润肺、活血顺气之功效。尤其是柑橘果肉中，除含有丰富的维生素C，还富含一种叫做“枸橼酸”的酸性物质，可帮助女性有效延缓皮肤老化，延长青春。但柑橘不能空腹食用，更不可超量食用，以每天3个为上限，多吃或空腹吃都会引起消化道黏膜的不适。此外，在吃完白萝卜或喝完牛奶后，不要立即吃橘子，否则会诱发甲状腺疾病或引起腹胀、腹痛等不良症状。

柚子

精挑选，以上轻下重为佳

柚子是众多女性必备的水果之一，它富含维生素C，且纤维素含量也很高，容易使人产生饱腹感，柚子中还含有丰富的果酸等，能有效刺激肠道黏膜，促进营养物质的吸收，并能有效控制进食量。柚子热量也很低，一片约140克的沙田柚，其热量才20千卡，即便多吃，也不用担心热量过剩。

挑选柚子应有技巧，选“身材”匀称而非一头大一头小的为好，用手掌掂量时可明显感觉柚子的下体较重，用手按皮发现皮肉紧实有弹性而不会一按一个坑，这样挑选出来的柚子才是上上品。

番石榴

一天一个，排毒减肥显奇效

将番石榴当作零食，1次1颗，不仅能享受番石榴的美味，更能充分吸收其中的维生素，达到奇妙的瘦身效果。番石榴中的维生素C含量约为柑橘的3倍，若将其做成果汁饮用还能帮助软化血管，降低胆固醇。番石榴还具有帮人解除疲劳的功效，习惯喝下午茶的爱美人士大可将咖啡换成番石榴汁。不过番石榴好吃却不能多吃，每天最好只食用1个，多吃容易造成腹泻。而在挑选时，应选椭圆形果实、外皮光滑没有褶皱、果皮呈翠绿或白绿色的为好。

哈密瓜

长满“皱纹”的哈密瓜最甜

哈密瓜是夏季解暑的佳品，具有润肺平喘、生津补血的功效。它不仅维生素群含量丰富，铁等的微量元素含量也颇丰，而且哈密瓜中还有一种叫“蒂含苦毒素”的物质，可用来治疗食物中毒等病症。

在挑选哈密瓜时，以纹路多，且快裂开的为宜。

火龙果

连皮清洗，吃时才更健康

火龙果不仅名字霹雳，长相也美丽，它除了富含维生素C和铁等矿物质元素，还含有一种具有明显抗氧化作用的“花青素”，能有效抗衰老和抑制细胞变性。同时火龙果含糖量低、热量低，能有效促进人体大肠及胃部的消化和吸收功能。而且火龙果中有种植物性白蛋白，能自动与人体内的重金属离子结合，然后通过排泄系统排出体外，从而达到排毒通便、养颜瘦身的功效。

挑选火龙果时应选肚子大、体重饱满且用手按压时感觉松紧度适中的果子。火龙果在生长过程中需要大量有机肥，所以哪怕是吃火龙果里面的肉，也应将表皮洗净后再切开食用。

不能在食肉后食用的水果

现代医学中发现，杏有抗癌、防癌的功效，而且杏体内富含植物性类黄酮，可帮助女性延缓衰老。此外，杏中还含有众多维生素群，譬如具有修复上表皮细胞功效的维生素A和能促进皮肤血液循环且使肤色红润的维生素E等。

但杏不能空腹食用，也不能在吃了肉类和淀粉类食物后食用，否则会引发肠胃不适，且因为杏偏酸、含糖量也较高，所以每天以吃2～3个为宜。

木瓜

瓜公瓜婆选对更美味

木瓜具有舒筋活络、健脾消食的作用，而且性温，多吃也不用担心会上火，可很好地帮助女性对付疲劳期的食欲不振、消化不良等症状。另外，木瓜中独有的木瓜酵素还可帮助平衡生理代谢，防治色斑及青春痘，木瓜既可减肥又可丰胸，是爱美女性应多关注的瘦身水果。

挑选木瓜时应注意分清木瓜公母，公木瓜较瘦长，皮厚、籽少、汁水多，而母木瓜浑身滚圆，皮薄、籽多、汁水少。如果要选择新鲜木瓜食用，那最好是选“公木瓜”。

芒果

高温烹煮更有营养

金黄色的芒果不仅外貌上非常讨人喜欢，果肉还兼具桃子、李子之类的丰富滋味，口感非常独特。芒果中维生素A和维生素C含量较之其他水果高，对爱美女性的双眼和肌肤很有帮助，且芒果中的维生素A和维生素C即便是经过高温烹煮，其含量也不会减少，反而能促进人体对维生素的吸收，加速肠胃蠕动，从而达到排毒瘦身的功效。好的芒果一般会散发幽香，用手轻轻按压会感觉其柔软有弹性。

柠檬

不可空腹喝柠檬汁

柠檬有青柠檬和黄柠檬之分，青柠檬多用来在炒菜时当作醋酸佐料使用，而黄柠檬多用来调配西餐，去除海鲜腥味，以及榨成果汁饮用。柠檬具有强烈的抗菌消炎作用，能帮助人体调节体温，对预防感冒非常有用。且柠檬具有调节消化系统的功能，可抑制体内的酸性，从而促进消化、清理体内腐食。黄柠檬和青柠檬相比，所含酸性物质较少，对皮肤刺激性也略小，所以爱美女性多选用黄柠檬来美容。

柠檬和其他水果不一样，不能用来单吃，而应将其榨汁后饮用，但即便是饮用柠檬汁，也应在吃饱饭以后喝，空腹喝柠檬汁，会导致胃部吸收能力下降。

全身充满营养的法宝

水蜜桃是药食两用的水果，从里到外都是宝，其果肉自不必说，美味至极，且具有补气养血、生津滋阴的功效。而水蜜桃的桃仁则有活血化瘀、润肺平喘的作用。此外，水蜜桃和木瓜一样，能加速胸腺分泌，是爱美女性减肥不缩胸的营养水果。

西瓜

夏天抱着西瓜啃，表面上看起来是种简单不虐的瘦身方法，但其实西瓜本身94%以上都是水分，且含糖量颇高，所以若将西瓜当主食食用会在不自觉中为身体带来很多热量，如果每天吃一个约10斤左右的西瓜，相当于摄入1000～1250千卡的热量。所以每次吃西瓜不要超过1斤，每天至多不超过3斤，以免减肥不成功反而增肥。

盐泡加冰镇更可口

菠萝浑身是刺，但挡不住内部美味与营养散发出的诱惑：菠萝中的蛋白质是油腻食物的克星，可帮助人体分解酵素、促进消化，对喜欢吃肉和油腻食物的女性来说是“福音”水果。另外，菠萝中还含有促进血液循环的酶，可有效预防脂肪在体内堆积，所以菠萝也算是功效显著的瘦身水果之一。吃菠萝时，用盐水泡一会儿会更加美味，冰镇亦可。

去农药，巧洗不碎有绝招

将草莓比作《红楼梦》中的林黛玉是最恰当不过的了——外形虽美丽，内在却娇弱无比。好在草莓内部营养比较丰盛，尤其果肉中的维生素C远远高于苹果等其他水果，可有效预防肌肤氧化，为女性的肌肤健康保驾护航。若是用草莓来敷脸，还能达到深层控油、提亮肌肤的作用；而若将草莓用来点缀沙拉，不仅视觉良好，且草莓内的天冬氨酸能有效去除人体内的毒素，从而有助女性减肥。

草莓生长得很低矮，容易受到各种杂质的污染，所以在食用草莓前一定要彻底清洗干净。清洗草莓时不能用力揉搓，用盐或小苏打浸泡是清洗草莓的最简便方法。

葡萄

面粉去污妙不可言

葡萄含糖量也很丰富，但却以葡萄糖为主，平时多吃葡萄还能促进消化，健脾和胃。葡萄中含有大量矿物质和维生素，以及人体所需的氨基酸，可有效缓解女性疲劳。另外，葡萄中含有一种强力抗氧化剂——类黄酮，可有效帮助女性清除体内自由基，延缓衰老。不过清洗葡萄时应掌握诀窍，否则葡萄皮上的细菌很难清洗掉。将葡萄一颗一颗摘下放到水盆里，然后加入盖过葡萄高度的水，再往里面撒一些面粉，用手轻轻在里面拨弄几下，最后倒掉面粉水，用清水冲洗葡萄，葡萄就会被清洗得很干净了。

 盐泡冰食更有味

荔枝深受杨贵妃的喜爱，也备受现代爱美女性的青睐。荔枝是补充能力、益智健脑的佳品，它富含维生素C和蛋白质，有助增强人体免疫力，提高抗病能力。但俗语有云：“一把荔枝三把火。”荔枝肉中含丰富的葡萄糖、蔗糖，总含糖量在70%以上，在水果含糖量排行中名列前茅。

荔枝具有明显补血、补阳气的功效，所以体质燥热者不宜多食。不过，如果新买回的荔枝可放在盐水中浸泡一晚，一来可洗去残留在荔枝上的药物，二来可大大减少上火的可能性。

梨

 饭前吃梨，瘦身更有效

有些水果不能空腹吃，如杏，要等到饱腹后才能食用。但梨却恰恰相反，若是能在饭前吃一个梨，会比饭后吃梨瘦身效果更好！梨是一种低热量而高营养的水果，一个中等大小的梨只有100卡的热量，且梨中大量的纤维素又容易使人产生饱腹感，进而帮助控制饭量，减少人体对脂肪的摄入。值得提醒的是，吃梨时不妨连梨皮一起吃，因为梨皮富含纤维素，可有助于减肥。

营养一加一，吃对五色水果更健康

在中国传统医学里，人体内的心、肝、脾、肺、肾，都被认为，应有特定颜色的食物对其补益才行，因此有这样的说法：红色补心，绿色养肝，黄色补脾，白色润肺，黑色养肾。所以在日常生活中，我们应运用五色食谱，使五脏得到充足的滋养。水果也有五色，女人们可根据自己的健康状况，挑选适合自己脏器的水果来吃。

绿色水果

代表性水果有猕猴桃、青苹果、马奶葡萄等。

人们常说“绿色好心情”，但你知道这句话的真正含义吗？那是因为绿色食物具有补肝的作用，而肝脏是人体排毒的最大器官，肝脏动力十足，毒素在体内无处藏身，好心情自然挡都挡不住！绿色水果中含有丰富的维生素C、胡萝卜素等微量元素，能直接调节人体多种生理功能，如利用绿色水果中的抗氧化能力使我们的视网膜免遭损害；或通过大量可溶与不可溶性膳食纤维保持消化道通畅以及防治便秘等。

红色水果

代表性水果有苹果、樱桃、草莓、桃子等。

中医认为，红色食物可强心。红色水果中含有丰富的植物化学成分，如抗氧化剂、番茄红素、抗细胞因子等。以类胡萝卜素为根源的红色水果，具有补血、活血及补阳的功效，可有效保护心血管、延缓衰老，并防止黄斑变性，是女性经期之后可放心食用的水果。且由于红色水果天生具有促进巨噬细胞活力的功能，而巨噬细胞是感冒病毒等致病微生物的“杀手”，所以多吃红色水果能增强人体免疫力，减少得病毒性感冒的概率。但由于红色水果中的类胡萝卜素在接触氧气时容易遭到破坏，所以要尽快食用，切勿久放。

代表性水果有芒果、橙子、菠萝、橘子、香蕉等。

在五色水果中，黄色水果占据的比例最多。黄色水果品种繁多、形态各异，最主要的优势是能快速且充分地补充人体所需维生素。黄色水果富含两种维生素，一种是维生素A，另一种是维生素D。维生素A能保护肠道黏膜，防止胃炎、胃溃疡等疾病的发生，而维生素D可促进人体对各种微量元素的吸收，进而达到强筋壮骨的功效。此外，黄色水果还富含胡萝卜素——一种可降低病毒活性的物质，可有效提高机体免疫力。

白色水果

代表性水果有梨、甘蔗、龙眼等。

按照中医说法，白色水果可润肺。白色水果视觉上给人纯洁、清爽的感觉，口感上又让人觉得鲜嫩、润滑，若经常食用，能有效调节不安定的情绪。此外，白色水果还是化痰止咳、清心润肺的良药，它们能让维生素更长时间地在人体内存留，进而加快肠道的新陈代谢，抑制有害菌的活性，从而大大提高人体抗病能力。

黑色水果

代表性水果有葡萄、桑葚、乌梅等。

黑色水果是近年来爱美女性的新宠水果。究其原因，是因为黑色水果中包含了17种人体所需的氨基酸和10多种微量元素，有润肠通便、活血益气等功效。此外，黑色水果中富含很独特的天然抗氧化剂——原花青素和叶绿素，在提高女性免疫力、润泽肌肤、黑发养颜、抗衰老等方面都有很好的辅助作用。

二 果饮篇：
滋润饱口福，瞬变俏佳人

美味果饮法则

自制果汁优点“抢鲜”知

几乎没有人能抗拒营养美味的水果诱惑，所以喜欢吃水果的人通常也不会拒绝同样出色的果汁。虽然在商场和超市都能非常方便地购买到想要的果汁，不过其中的各种添加成分多少让人心生顾虑。最安全的做法，当然是自己亲手榨果汁了。这样不仅可以喝到口味丰富的新鲜果汁，还可以体验到自己动手、调配混搭的乐趣。

美味可口的果汁，不仅可以让我们一饱口福，还有多种多样的功效。果汁的功效可分为药用功效和美容功效两大类，而自制的果汁可以令这两大功效发挥得更充分。

提高女人自信度的美容功效

果汁的美容功效也是有目共睹的，这要归功于其所含的多种营养成分。其中所含的维生素C可以淡化皮肤上的黑斑，并可帮助皮肤抵抗强烈的紫外线，使皮肤重新恢复到弹性、有光泽的良好状态；而维生素E能够促进皮肤血液循环，其油脂成分还具有润泽肌肤的作用；维生素A则能滋润皮肤及黏膜，防止角质层老化，并抑制皮肤因角质化而发生干裂。另外，水果中的柠檬酸等物质，能加强人体对油腻食物的消化，具有减肥瘦身的功效。爱美的女性更应该多喝自己榨的新鲜果汁。

赶走亚健康状态的药用功效

果汁之所以是一种十分健康的饮料，表现在其具有辅助治病的功效上，新鲜的自制果汁尤其如此。不同的果汁有不同的功效，可以根据自己的实际情况选择。例如，常见的西瓜汁具有利尿、消炎、降血压的作用；苹果汁可以调理肠胃，防治高血压；香蕉汁具有强健肌肉、润肺、通血脉的功效；橙汁常用来化痰，强健胃脏机能，并防治心脏病和中风；菠萝汁可去肿、消食，治肾炎、咽炎；葡萄汁有利尿、补血安神、强肾肝的功能；柠檬汁能化咳止痰，有助排除体内毒素。

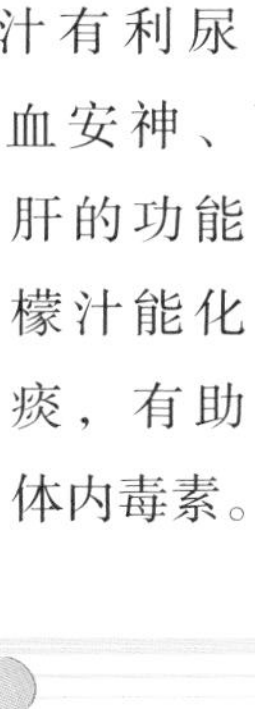

调配美味果汁，“必先利其器”

制作各种营养又美味的果汁，虽然看起来简单，但如果没有准备一些“秘密工具”，则会“事倍功半”。这些“秘密工具”到底包括哪些呢？赶紧来认识一下吧！

榨汁机

特色：这是一种可以将水果快速榨成果汁的机器，体积不大，非常适合家用。

使用方法：

1.把水果洗净后，切成可以放入口杯的大小。

2.放入水果块后，可加入适量的温水或者蜂蜜、冰糖，然后盖好杯盖，将开关打开，待机器运作一会儿后，果汁就榨好了。

如何清洁：

榨完水果后，应及时用温水冲洗，并用刷子进行适当的清洁。

注意：

● 不要直接用水冲洗主机。

● 水分多的水果可直接榨取原汁，不需要另外加水。

● 刀片部和口杯组合时要完全拧紧，否则会出现漏水及杯子掉落等情况。

果汁机

特色：一些含有细纤维的水果，如香蕉、桃子、芒果、香瓜和番茄等，非常适合用果汁机来榨汁，因为会留下细小的纤维或果渣，和果汁混合后会呈黏稠状，这样的果汁不但味美，而且口感极佳。

使用方法：

1.将水果去皮，切成小块，再加水搅拌。

2.搅拌时间不宜过长，搅拌1次不能超过2分钟。若要搅拌多次，则需间隔2分钟再进行。

如何清洁：

将里面的杯子拿起，泡过水后，再用大量的水冲洗，然后晾干。

注意：

● 水果不宜放太多，要少于容器的1/2。若夏天想喝冰果汁，可加入少许冰块一起搅拌。

压汁机

特色：非常适合用来压榨柑橘类水果，如橙子、柠檬、柚子等。

使用方法：

用横切的方式将柑橘类水果切开，然后将切好的水果覆盖在压汁机上，再往下压并左右转动，即可挤出汁液。

如何清洁：

由于压汁机有很多缝隙，所以需用海绵或者软毛刷来清洗残渣。

注意：

- 清洁时不要使用硬的清洁球或菜瓜布，否则会刮伤塑料，容易让细菌残留。

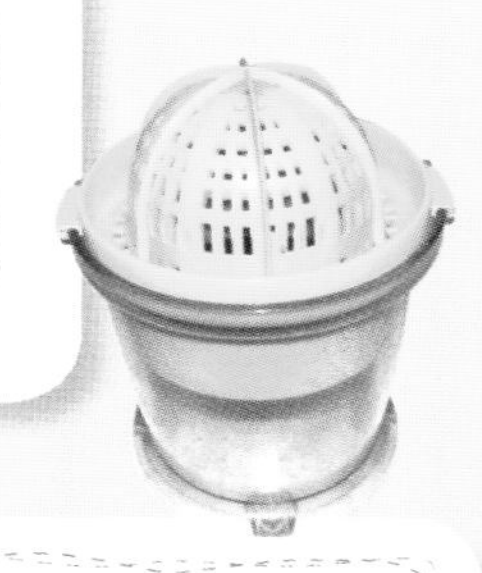

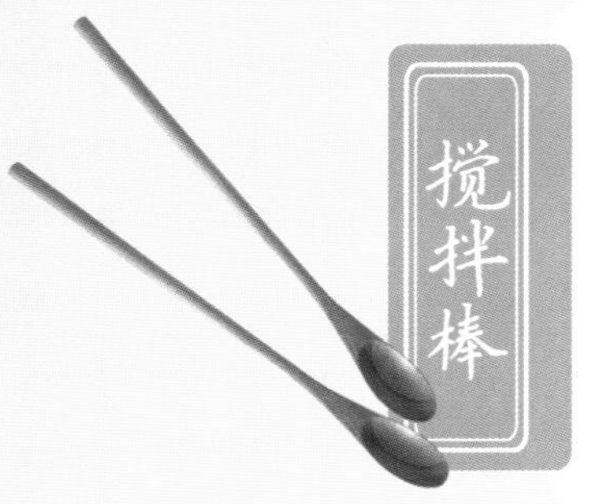

搅拌棒

特色：搅拌棒能让果汁中的汁液和溶质均匀混合，如果没有搅拌棒，也可用长把金属汤匙代替。

使用方法：

果汁制作完成后，倒入杯中，然后用搅拌棒搅匀即可。

如何清洁：

用完后及时用清水洗净，再晾干。

注意：

- 选购搅拌棒时，宜选择制作工艺佳且用耐热材质制作的，另外棒的表面要光滑。

水果刀

特色：多用来给水果削皮、切块，家用水果刀最好是专用的，不要用来切肉类或者其他食物，也不要用菜刀或者其他刀来削水果，以免细菌交叉感染，危害健康。

使用方法：

一手拿水果，一手拿刀，贴着果肉仔细地削皮，然后切成小块。

如何清洁：

每次用完后应用清水洗净，待晾干后再放入刀套。切勿用强碱、强酸类化学溶剂洗涤。

注意：

- 如果刀面生锈，可在上面滴几滴鲜柠檬汁，然后轻轻擦洗干净。用这种方法除锈，既安全，又无任何毒副作用。

巧手混搭，调出最营养的“汁”味

众所周知，水果具有丰富的营养，多吃水果有益人体健康。但不同的水果有各自的营养强项，如果能根据所需，将一些水果组合起来，就能产生近乎完美的效果。此外，蔬菜作为另一类“重量级”的食物，与水果合理混搭在一起，也可以碰撞出绝妙的营养“火花”。不过，混搭是为了让果汁更有益健康，所以要掌握基本的诀窍。

诀窍1

反季节水果、蔬菜不仅口味不如当季的好，营养价值也稍逊一筹，所以自制纯果汁或蔬果汁时，最好选用当季的水果和蔬菜。

诀窍2

我们知道，和水果不同，并非所有的蔬菜都能生食，对于豆角、土豆等不能生食的蔬菜不宜采用，其他可生食的一般都可放心榨汁饮用。

诀窍3

能榨汁的水果和蔬菜有苹果、香蕉、菠萝、柠檬、黄瓜、芹菜、西红柿、胡萝卜等。从营养的角度考虑，苹果、胡萝卜、黄瓜、芹菜可以成为混合果汁的主角。

诀窍4

无论是加工纯果汁还是混合的蔬果汁，都可以根据自己的口味将不同的水果和蔬菜自由组合在一起。一般情况下，可选用两三种不同的水果与蔬菜，每天变化组合花样，可以达到营养均衡的目的。

诀窍5

如何保证果汁的营养全面且利于吸收，是很多人会考虑的问题。有几种优异的组合可满足大家的需求：西红柿+芹菜+胡萝卜，西红柿+草莓+山楂，苹果+菠萝，苹果+胡萝卜+芹菜，西瓜+香瓜+鲜桃，菠萝+芒果+番石榴，橙子 + 胡萝卜等。

诀窍6

黄瓜清甜多汁，很多人喜欢选用黄瓜榨汁。有一点需要注意的是，黄瓜中含有一种维生素C分解酶，会破坏食物中的维生素C，应避免将黄瓜与富含维生素C的西红柿、猕猴桃、柑橘、草莓等搭配榨汁。

2小招留住果汁百分百营养

果汁具有多种多样的功效，但不可否认的是，水果在榨成汁后，会流失掉一部分营养素。这是因为水果蔬菜的细胞都有非常复杂的超微结构，高速旋转的榨汁机刀片不仅将果蔬分解得四分五裂，同时也将果蔬的营养细胞分解得支离破碎，导致一部分营养元素因此流失。

如何尽量减少营养损失?

榨汁前先烫一下

这是借用了商业生产中制作果蔬汁的方法。在商业生产中，对果蔬进行热烫处理是常见的步骤。热烫处理也就是将水果蔬菜在沸水中略微烫一下，把氧化酶“杀灭”，同时让组织略微软一点，然后再榨汁。如此处理后，不仅维生素的损失变小，出汁率增加，而且果汁颜色鲜艳，不容易变褐。尤其是那些没有酸味的蔬菜，如胡萝卜、青菜、芹菜、鲜甜玉米等，一定要烫过再榨汁。

果汁最多存一天

如果没有经过热烫处理，榨汁之后应当马上喝，最多在20分钟内喝完，不要存放。因为每多存放一分钟，维生素和抗氧化成分的损失就会增加一分。如果榨汁前经过了烫煮，酶已经被“杀灭”，那么在冰箱里密闭暂存一天应当是可以的。需要注意的是，要尽量减少果汁和空气的接触，以免被氧化。虽然变褐并不意味着有毒有害，仍然可以喝，但颜色不如鲜榨的鲜亮。另外，在储藏过程中，风味也会逐渐变化，失去原有的新鲜美味。

饮用果汁的时间选择大计

早餐后是喝果汁的黄金时间

在早上喝果汁最为理想，这是因为人们一般早餐很少吃蔬菜和水果，早晨喝一杯新鲜的蔬果汁或纯果汁是一个好习惯，能同时补充人体需要的水分和营养。不过如果仅仅空腹喝一杯果汁，而不进食任何食物的话，这样的早餐会过于单薄。原因是果汁中的碳水化合物含量并没有我们想象的多，并不能支撑起整个上午的能量来源，而且过低的血糖不利于大脑工作，人的情绪也会难以控制，易躁易怒。再加上空腹喝酸度较高的果汁，可能会导致胃部不舒服，所以，早上应先吃一些主食后再喝果汁。

两餐之间是喝果汁的白银时间

除了早餐外，两餐之间也适宜喝果汁。不过最好选择在饭后2小时后再喝。这是因为果汁与水果一样，在肠胃中比其他食物更容易消化，因而会影响正餐食物的消化。另外，果汁中的果酸还会与正餐食物的某些营养成分结合，影响人体对这些营养成分的消化吸收，正餐时喝果汁常常有饱腹感就是这个原因，且饭后常常有消化不良的不适症状。

此外，不妨在工作节奏放缓的间隙，喝一杯鲜果汁，既能提供继续工作的能量，又补充了维生素C。

果汁虽然酸甜可口，但想要充分摄取果汁中的营养，且不影响其他营养的吸收，还需掌握果汁的最佳饮用时间。

晚睡前是喝果汁的糟粕时间

即使对果汁情有独钟，在晚间睡前最好也不要喝果汁。很多人习惯像喝牛奶一样，在睡前喝一杯果汁。这种习惯只会导致身体因摄入的水分过多，而增加肾脏的负担，如同在睡前喝水一样，身体容易出现难看的浮肿。

三招两式，喝出营养与美味

如今，人们越来越重视饮食健康，很多以前专喝碳酸饮料的人都改喝鲜榨果汁了。虽然亲手榨一杯鲜果汁并不复杂，但要想喝得营养又健康，必要的诀窍不可不掌握。

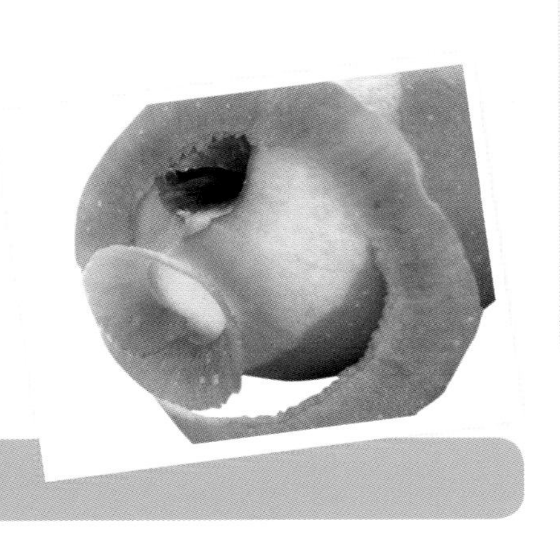

果皮也是宝

经常吃水果的人都应该知道，水果的外皮也含有营养成分，比如经常连皮吃的苹果，其果皮纤维素的含量比较高，能够帮助肠道蠕动，具有排毒养颜的作用；葡萄皮含有多酚类物质，这类物质能加强皮肤的抗氧化功能，使肌肤更水嫩年轻；而梨皮具有清热降火的功能；黄瓜皮中的苦味素是黄瓜的精华所在，既能促进吸收维生素C，还能助人体排毒。

研究证明，大部分水果，果皮与肉连接的部分是整个水果中最有营养的地方。所以，对于苹果、葡萄这类可以连皮吃的水果，一定不要将果皮舍弃了。当然，决定连皮榨汁前，一定要将果皮表面的残余农药清洗干净。

连渣一起喝

饮用鲜榨的果汁，虽然获取的各类营养成分与使用新鲜水果相差无几。但是，当我们喝着爽口美味的果汁时，其实已经丢弃了存在于残渣中的一种重要物质——膳食纤维。膳食纤维是一种非常有益人体健康的物质，其中果胶等水溶性纤维能预防糖尿病和心血管病，而不溶性纤维具有改善肠道功能的作用。另外，膳食纤维还可以防止热量过剩，对控制肥胖和预防胆结石都有好处。为了健康着想，或是希望通过喝果汁来减肥的女性，记得将榨汁后剩余的残渣也一同喝掉，这样膳食纤维就不会损失了。

可添加的4个调味伴侣

冰块

在蔬果汁中加几块碎冰，果汁的口感马上变得冰爽宜人，尤其在夏天，喝一杯这样的果汁再爽口不过。如果不习惯蔬果汁的苦涩味，加点冰块就不会那么难喝了。

凉白开或纯净水

对于缺乏水分的胡萝卜、苹果等，榨汁时需要加水辅助榨汁。如果不喜欢太浓的蔬果汁，也可以加水稀释后再饮用。

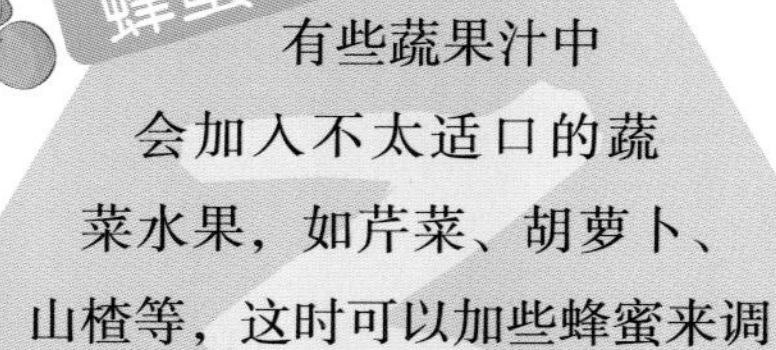

蜂蜜

有些蔬果汁中会加入不太适口的蔬菜水果，如芹菜、胡萝卜、山楂等，这时可以加些蜂蜜来调味。蜂蜜虽然营养价值丰富，但并不会导致发胖，可以放心食用。

薄荷叶

清凉爽口的薄荷叶称得上是蔬果汁的最佳伴侣，任何蔬果汁中添加了薄荷片，不但口感更清凉，味道也会更鲜美。

喝果汁有这些『不可以』

果汁因为其绿色天然、富有营养的特点，越来越受到人们的青睐，成为不少人的首选饮品。但是由于不了解果汁的特性，一些不当的做法会导致果汁的营养功效并不能百分百地发挥出来。如果想要做一名合格的“果汁达人”，下面这些禁忌一定要避开。

不可以加糖

当觉得蔬果汁的口感不佳时，不少人喜欢加糖来提升口感，这样做会降低蔬果汁的营养。这是因为当糖分解时，会导致蔬果汁中的B族维生素、钙、镁的流失比例加重。如果希望蔬果汁的口感更香甜，可以选择含糖量较多的菠萝、哈密瓜等作为搭配，或者改为加蜂蜜。

不可以喝太多

果汁虽然营养丰富，但并不是喝得越多越好。原因是果汁中所含大部分糖分并不能为人体吸收利用，而是从肾脏排出，长时间过量饮用，将加重肾脏负担，甚至可能导致肾脏病变。此外，身体摄入过多果糖，还会引起肠胃的消化功能下降以及酸中毒的现象。

不可以用果汁吞服药物

果汁中含有大量呈酸性的维生素C，如果将一些碱性药物或者不耐酸药物与果汁一起服下，药效肯定会下降，还可能引发一些不适症状。例如用果汁送服磺胺药，会导致肾脏负担加重，不利于患者健康。

不可以在酸性果汁中添加牛奶

柠檬、橘子、橙子、杨梅、酸石榴等含酸较多的果汁不应添加牛奶调味。这类酸性果汁中的果酸一旦与牛奶中的蛋白质相遇，会立刻发生凝固，不仅会影响蛋白质的吸收，也会破坏果汁的营养成分。

35种果汁推荐

滋阴排毒

喝出晶莹剔透女人肌

○ 甜香牛奶哈密瓜汁

果饮材料：

哈密瓜1/2个，牛奶100毫升，蜂蜜适量。

果饮细解：

1. 削切哈密瓜：用水果刀削去哈密瓜皮，皮尽量削厚点。接着刮去瓜瓤和种子，洗净后切成小块。

2. 与牛奶一起榨汁：将哈密瓜块与牛奶一起倒入洗净的榨汁机中，打成汁。

3. 加蜂蜜饮用：将打好的哈密瓜汁倒入杯中，按喜好加入适量蜂蜜，即可饮用。

温暖小提示：

加入了牛奶的哈密瓜汁最好现榨现饮，如果在冰箱中放置一段时间再饮，口感会变苦。另外，哈密瓜属寒性水果，夏天吃可以解暑，但天气寒冷的冬天最好少吃。

女人“饮”言：

哈密瓜中所含的胡萝卜素、维生素、蛋白质、膳食纤维及磷、钠、钾等成分，能排出肌肤毒素。哈密瓜汁和蜂蜜混合，能令肌肤光洁细嫩，同时还能补充肌肤所需水分。

如何更美味

香甜可口的哈密瓜，越靠近种子的地方果肉越甜越细腻，而靠近果皮的地方果肉较硬，所以削皮时最好削厚一点，这样榨出来的果汁味道会更好。

○ 菠萝苹果酸甜汁

果饮材料：

苹果2个，菠萝1个。

果饮细解：

1. 处理菠萝：耐心去除菠萝皮，接着洗净切片，再放入盐水中浸泡15分钟，去除菠萝中容易引起过敏的物质。
2. 菠萝榨汁：将菠萝片放入榨汁机中榨成汁。
3. 取出菠萝渣：倒出菠萝汁，取出菠萝渣备用。
4. 苹果削皮切片：削去苹果皮，洗净后切片。
5. 苹果榨汁：用榨汁机将苹果榨成汁。
6. 调配果汁：将苹果汁直接倒入装有菠萝汁的杯中，搅拌均匀即可饮用。

温暖小提示：

这款果汁特别适合两餐之间饮用，既能借助菠萝中丰富的酶来开胃，又能补充维生素C，十分有益健康。此外，留出的菠萝渣可以单独食用，放至下午或晚上也不会变色，而且又香又滑，尤其适合怕酸不敢吃菠萝的人食用。还可以用菠萝渣与苹果、猕猴桃等拌个水果沙拉，能促进肠道蠕动，帮助治疗便秘。

女人“饮”言：

苹果所含的维生素C能抑制皮肤黑色素的沉积，具有美白的功效。同时，菠萝也具有美肤的作用，菠萝中丰富的维生素能淡化面部斑点，使肌肤润泽透明，其维生素还能有效去除角质，促进肌肤新陈代谢。

苹果中所含的大量水分及各种保湿因子能起到润泽肌肤的作用。

苹果含有丰富的果胶，可以帮助肠胃蠕动和排除体内毒素。

强强联合蔬果汁

果饮材料：

草莓5个，苹果2个，芹菜2棵，油菜2棵，青芦笋1根，脱脂牛奶50毫升。

果饮细解：

1. 蔬果处理：将草莓洗净去蒂切块；苹果洗净去核切块；芹菜、油菜、青芦笋洗净切段。

2. 蔬果榨汁：将全部蔬菜、水果一起放入榨汁机内榨成汁，将果汁倒入杯中，调入脱脂牛奶，搅拌均匀即可饮用。

温暖小提示：

将不同营养的蔬菜、水果进行搭配，可以为人体补充多样化的营养素，而添加牛奶或酸奶，则可以使蔬果汁营养更丰富。此外，蔬果的属性比较冷，建议体质偏寒的人在榨汁时可以添加一些五谷杂粮，如芝麻、燕麦、核桃仁等，用来中和过冷的蔬果汁。

女人“饮”言：

草莓是口感与营养俱佳的水果，草莓中所含的维生素C具有清洁肠胃的功能。同时，苹果中的果胶能强健肠胃，再加上其他丰富的营养元素，食用后都能让肌肤释放由内而外的美丽。另外，芹菜中的粗纤维具有非常好的排毒功效。而油菜中的矿物质也具有加快毒素从体内排出的功能。

芦笋是有名的“十大蔬菜”之一，蛋白质和维生素等营养元素的含量均高于普通蔬菜，可以令肌肤更加有活力。

○ 雪梨西瓜汁

果饮材料：

雪梨1个，西瓜1/4个。

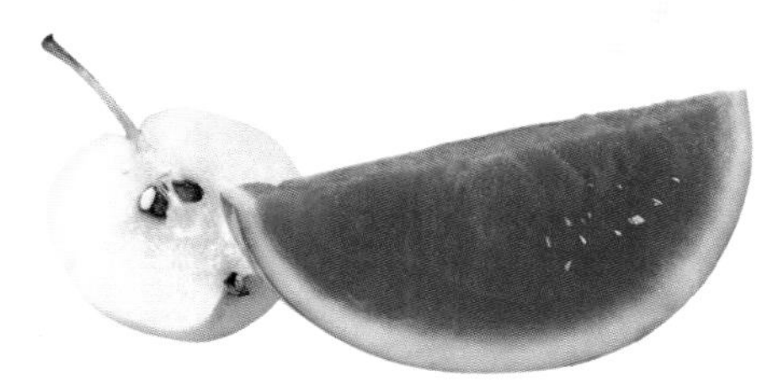

果饮细解：

1. 水果处理：选1个新鲜的雪梨，将其洗净，再削皮、去核，并切成小块；西瓜剖成4块，用勺子将其中一块的瓜瓤全部挖出。

2. 榨汁机榨汁：将雪梨和西瓜一起放入干净的榨汁机中，榨取原汁即可。

温暖小提示：

雪梨和西瓜糖分含量较高，做出来的果汁味道十分鲜美，糖尿病患者不宜多饮，否则会加重病情。而且雪梨与西瓜性寒，所以喝的时候千万不可一口干，一定要细细品尝，不然会对脾胃造成伤害。

女人"饮"言：

● 秋季最适合吃雪梨，它具有滋阴润肺、止咳化痰、养血生肌的作用。每当家中有孩子因急性支气管炎或上呼吸道感染而出现咳嗽症状时，母亲往往会炖一锅冰糖雪梨来进行食疗，而且效果颇佳。此外，雪梨中的果胶含量很高，有助于消化，并能帮助人体排出毒素。

● 西瓜是盛夏佳果，同样能滋阴去燥，西瓜肉内含有的瓜氨酸及精氨酸等成分有利尿的作用，所以特别适合醉酒的人饮用。西瓜还含有多种维生素和矿物质，能对面部肌肤起到美白、防晒的功效。

如何更美味

若认为这道果汁太过甜腻，不妨加少许柠檬汁调味，这样喝起来会觉得酸酸甜甜的，口感也十分不错。

○ 菠萝胡柚汁

果饮材料：

胡柚1个，菠萝1/3个，冰糖少许。

果饮细解：

1. 水果处理：将胡柚剥皮，切块；菠萝削皮，取1/3个切成小片。

2. 榨汁机榨汁：先将胡柚放入榨汁机中榨汁，再将菠萝榨汁，然后将榨好的两种果汁与冰糖一起搅拌均匀即可。

温暖小提示：

刚摘下的胡柚略有些苦，可在存放一段时间待甜度增强后再榨汁饮用。对于渴望美颜瘦身的女性来说，这是一道再适合不过的美味饮品，但有些女性品尝菠萝后会产生过敏症状，所以在将菠萝切片后可放入盐水中浸泡一会儿，这样就能起到脱敏的作用。

女人"饮"言：

● 胡柚果肉柔软，鲜嫩多汁，富含人体所需的多种营养元素，具有滋阴润燥、镇咳化痰、养颜益寿的功效。胡柚还含有丰富的维生素P和维生素C，维生素P能强化皮肤毛细孔的功能，有利于美容保健；维生素C则可参与人体胶原蛋白的合成，促进抗体生成，从而增强机体的解毒功能。

● 菠萝，性平味甘，不仅含有菠萝朊酶，能溶解阻塞于人体组织中的纤维蛋白和血凝块，改善血液循环，还含有能帮助肠道蠕动且防止便秘的蛋白酶，可谓医食兼优的时令佳果。

○ 柠檬李子汁

果饮材料：

柠檬1个，李子3颗，冰糖少许。

果饮细解：

1. 水果处理：将柠檬洗净，切片；李子剔下果肉，去核。
2. 榨汁机榨汁：将柠檬和李子放入榨汁机中，榨得原汁，然后加入少许冰糖调味即可。

温暖小提示：

柠檬味道极酸，容易损伤牙齿，所以牙痛者、胃酸过多者以及糖尿病患者不宜食用。李子吃多了会损伤脾胃，而且不能和蜂蜜、雀肉、鸡肉、鸡蛋、鸭肉、鸭蛋同食，否则会损伤五脏。

女人"饮"言：

● 一说起柠檬，人们首先想到的就是它的酸味，虽然不能像其他水果一样生吃，但特别适合榨汁饮用，尤其是在暑湿较重的夏季，当身心疲乏时，喝一杯清凉的柠檬汁，就能让人精神一振。此外，柠檬富含各种营养物质，不仅能护肝滋阴，对促进肌肤新陈代谢、延缓衰老等也十分有效。

● 李子和柠檬一样，口感偏酸，但具有清肝热、促消化的作用，特别适用于治疗胃阴不足、口中干渴之症。李子的抗氧化能力也很强，所以向来被人们誉为抗衰老、防疾病的"超级水果"。此外，李子热量低、脂肪少，且具有美容功效，每日吃几颗，能使脸部光洁如玉，因而备受女性青睐。

○ 西瓜芒果汁

果饮材料：

芒果1个，小西瓜1/2个。

果饮细解：

1. 水果处理：将芒果洗净，去皮剔肉，然后切成小块；将西瓜瓤用勺子挖出来，去籽。

2. 榨汁机榨汁：将准备好的芒果、西瓜放入榨汁机中，榨取原汁即可。

温暖小提示：

尽管西瓜有很多药用疗效，但感冒患者和糖尿病患者不宜食用。芒果虽和西瓜一样美味，但却含有较多的刺激性物质，食用后会刺激面部皮肤，造成面部红肿、发炎，所以饮用这道果汁后要及时清洗掉残留在口唇周围的汁液，以免发生过敏反应。

女人“饮”言：

● 西瓜在古代常被人们用来治病，如口舌生疮者，可用西瓜皮烧研噙之；食瓜过多者，可用瓜皮煎汤服之等等。所以有谚语云：夏日吃西瓜，药物不用抓。此外，西瓜所含的糖、蛋白质和微量的盐，能降低血脂且软化血管。常吃西瓜，还能使脸蛋肌肤变得水润光滑、头发变得秀美稠密。

● 芒果被誉为“热带果王”，所含的维生素非常丰富，尤其维生素A的含量占众多水果之首，它不仅能降低胆固醇、防治心血管疾病，还能益胃健脾、理气止咳、明目美肤，可谓时下女性最爱的美容圣品。

○ 菠萝蔬果汁

果饮材料：

菠萝1个，芹菜3棵，柠檬1个，番茄2个。

果饮细解：

1. 蔬果处理：将番茄、芹菜洗净，切合适大小；菠萝去皮，切片，再放入盐水中浸泡一会儿。

2. 柠檬榨汁：将柠檬洗净，榨成柠檬汁。

3. 放入搅拌器：将芹菜、番茄、菠萝一起放入榨汁机榨汁，加柠檬汁后即可饮用。

温暖小提示：

由于芹菜具有清热的特殊功效，所以肠胃功能较差的人非常适合饮用这道蔬果汁，既能生津健胃，又能促进消化，真可谓一举两得。但是芹菜属于感光蔬菜，所以想要美白的女性不宜饮用过多，同时要做好防晒工作。

女人“饮”言：

柠檬是美白佳品，芹菜中又富含多种纤维素，对促进肠道消化吸收很有帮助，而菠萝几乎含所有人体所需的维生素及矿物质，能有效酸解脂肪，番茄则富含天然矿物质，将这几种蔬果调配成果汁，能很好地温补五脏六腑。

○ 杨桃青提汁

果饮材料：

杨桃1个，青提1串，蜂蜜少许，冷开水适量。

果饮细解：

1. 处理杨桃和青提：将杨桃洗净，切成小块；青提洗净，去皮、去籽备用。

2. 放入果汁机搅打：将杨桃、青提放入果汁机中搅打均匀，再用滤网滤入杯中，加入蜂蜜和冷开水调匀即可。

温暖小提示：

1.杨桃分为甜、酸两大类。若要榨果汁，则应选择甜杨桃。酸杨桃多用作烹调配料或蜜饯原料。

2.青提的营养成分也很高，若不怕果汁味涩，可连皮一起进行榨汁处理。

女人"饮"言：

● 杨桃含有人体生命活动的重要物质——大量的糖类及维生素、有机酸等，经常食之，不仅可以补充营养，还能增强机体的抗病能力。此外，杨桃果汁充沛，能迅速补充人体所需的水分，并帮助身体排出体热与毒素。

● 青提含丰富的维生素C及维生素E，能有效消减致人衰老的自由基，并帮助皮肤抵御外来环境的侵袭。青提含糖量也很高，还能防止健康细胞癌变，所以非常适合体质虚弱的人食用。

○ 菠萝雪梨柠檬汁

果饮材料：

菠萝1/2个，雪梨1个，柠檬1/2个，冰糖少许。

果饮细解：

1. 处理菠萝：菠萝去皮，切片，放入盐水中浸泡15分钟，除去菠萝中容易引起过敏的物质。

2. 处理雪梨和柠檬：将雪梨、柠檬洗净；雪梨去核、去皮，再将处理好的雪梨和柠檬切片。

3. 榨汁机榨汁：将三种水果放入榨汁机中，榨取原汁即可，再加入适量的冰糖调味。

温暖小提示：

在调配这道果饮时，柠檬可以直接切片放入其中，饮完后，还可将柠檬片洗净，再用于泡水敷脸、洗头，就能起到祛斑美颜、润泽秀发的作用。

女人"饮"言：

● 菠萝含有一种跟胃液类似的酵素，可以分解蛋白，帮助消化，饱受便秘困扰的人，不妨在每天清晨饮用这道果汁，就可解决自身烦恼。

● 雪梨富含苹果酸、柠檬酸、维生素和胡萝卜素等营养元素，具有生津润燥、清热化痰的功效。高血压、肝炎、肝硬化患者也适合经常吃梨，会对身体大有裨益。

留住青春脚步

○ 木瓜橙汁

果饮材料：

橙子2个，木瓜1/5个，蜂蜜少许。

果饮细解：

1. 水果处理：将橙子洗净、去皮，再切瓣、去核；木瓜去皮、去籽，切成小块。

2. 榨汁机榨汁：将橙子、木瓜放入榨汁机中榨汁，再加入适量的温开水和蜂蜜调匀即可。

温暖小提示：

北方的木瓜被称为宣木瓜，只能用来治病，不宜鲜食。而南方的木瓜叫番木瓜，可以生吃。番木瓜中含有的番木瓜碱对人体有毒副作用，所以每次食用时不宜过量。

女人“饮”言：

● 木瓜素有“百益果王”之称，它所含的木瓜蛋白酶能帮助人体分解肉食，减少肠胃的工作量，有助于消化及防治胃病。木瓜还是备受女性青睐的丰胸圣品，不仅热量低，还富含大量的维生素A和纤维素。木瓜的排毒功能也十分强大，食用木瓜可轻松排除体内毒素。

● 橙子含有丰富的膳食纤维，对于有便秘困扰的人来说是最佳“良药”。此外，它富含的各类营养物质能缓解皮肤衰老的症状，而且它的抗氧化成分也是所有水果中最多的，所以，爱美的女性不妨多饮用这道果汁。

○ 猕猴桃菠萝苹果汁

果饮材料：

猕猴桃2个，菠萝1/2个，苹果1个。

果饮细解：

1. 处理菠萝：去掉菠萝皮，切片，放入盐水中浸泡15分钟。

2. 处理猕猴桃和苹果：猕猴桃去皮，苹果去皮、去核，均切成小块。

3. 榨汁机榨汁：加一杯温水，将菠萝、猕猴桃、苹果一起放入榨汁机中榨汁即可。

温暖小提示：

脾胃虚寒的人不宜饮用这道果汁。此外，菠萝不仅能榨汁饮用，还能作为盆栽摆放在家中，尤其是刚装修过的新房，气味很重，若将一盆菠萝放在室内，就能起到很好的净化效果。

女人"饮"言：

● 猕猴桃作为"水果之王"，富含维生素C、维生素E、抗氧化素、钙和膳食纤维，不仅具有稳定情绪、帮助消化、预防便秘的功效，还能止渴利尿及保护心脏。此外，多食用猕猴桃，可以延缓人体衰老，防止老年斑的形成。

● 菠萝味甘微酸，对清热除烦、生津止渴颇有良效。菠萝还富含多种维生素和天然矿物质，在某些地区还被爱美的女性拿来洗脸除垢，能起到美白祛斑、延缓青春的作用。

● 苹果是一种天然美容品，其中富含铁、锌、镁等微量元素，若经常食用，可使脸部肌肤细腻光滑。

○ 菠菜香蕉汁

果饮材料：

香蕉1根，菠菜1把（约100克）。

果饮细解：

1. 蔬果处理：将香蕉剥皮，切成小段；再将菠菜洗净，去根，切碎。
2. 榨汁机榨汁：将香蕉、菠菜放入榨汁机中，再倒入温水榨汁。

温暖小提示：

菠菜不宜与牛奶、豆腐、黄豆、钙片等钙质含量高的食物同食，因为菠菜含有草酸，在肠道内与钙结合以后容易形成草酸钙沉淀，不仅阻碍人体对钙的吸收，还容易形成胆结石。

女人"饮"言：

● 菠菜含有丰富的维生素A和维生素C，能通便清热、理气补血、防病抗衰。如果你脸色不佳，不妨多饮用这道果汁，因为菠菜对缺铁性贫血有改善作用，能令人面色红润，光彩照人。

● 香蕉营养价值颇高，不仅有降压通便之效，还能增强人体对疾病的抵抗力。对于爱美的女性来说，香蕉可是绝佳的减肥食品，工作压力较大者也可经常食用。

○ 胡萝卜西瓜汁

果饮材料：

胡萝卜1根，西瓜1/4个，蜂蜜和柠檬汁少许。

果饮细解：

1. 蔬果处理：将西瓜用勺子挖出，去籽；将胡萝卜洗净、去皮，切成小块。

2. 榨汁机处理：将胡萝卜、西瓜放入榨汁机一起榨汁。然后往榨好的果汁中加入少许蜂蜜和柠檬汁，搅拌均匀。

温暖小提示：

胡萝卜西瓜汁可以帮助女性滋润皮肤、抵抗衰老，但是气虚者不宜饮用过量。若过量摄入胡萝卜素，会使皮肤色素产生变化，且可能导致月经不调。

女人"饮"言：

● 胡萝卜富含维生素，并有轻微而持续发汗的作用。常吃胡萝卜，不仅能增强血液循环，还能起到护肤保健的作用。胡萝卜中含有的胡萝卜素可以清除致人衰老的自由基，因而备受众多年龄渐长的女性的青睐。

● 西瓜富含葡萄糖、苹果酸、果糖、氨基酸、番茄素及丰富的维生素C等物质，多饮用西瓜汁，可促进人体新陈代谢，提高皮肤的生理活性，让人由内而外焕发青春光彩。

○ 橘子蓝莓汁

果饮材料：

橘子2个，蓝莓5颗，纯净水1/2杯。

果饮细解：

1. 水果处理：先将蓝莓洗净，再将橘子剥皮，并掰成几小瓣。

2. 榨汁机榨汁：将橘子、蓝莓一起放入榨汁机，加入1/2杯纯净水榨汁。

温暖小提示：

橘子所含热量较高，想要瘦身的美女们可不能多吃，橘子吃多也容易“上火”。此外，在吃橘子的时候，很多人喜欢将橘子上面的网状筋络（即橘络）剥掉，其实这是没有必要的，因为橘络具有通经络、消痰积的作用，对人体益处很多。

女人“饮”言：

● 橘子是秋冬最常见的美味水果，富含多种营养元素，其中包括170余种植物化合物和60余种黄酮类化合物，这些大都属于天然抗氧化剂，能起到美肤抗衰的作用。即使1天只吃1个橘子，也能满足当天所需的维生素C，而且橘皮还能入药，可见橘子的营养价值有多高。

● 蓝莓因含有丰富的黄酮类和多糖类化合物而被称为“浆果之王”。蓝莓中所含的花色苷也有很强的抗氧化性，能起到延缓衰老、防止细胞退行性改变的作用，还有强化毛细血管、改善血液循环等多种功能。

○ 柳橙菠萝汁

果饮材料：

柳橙1个，菠萝1/2个，番茄1个，柠檬1/2个，冰糖少许。

果饮细解：

1. 处理菠萝：耐心去除菠萝皮，洗净切片，再放入盐水里浸泡15分钟。

2. 处理柳橙、番茄和柠檬：柳橙去皮，番茄洗净去蒂，切成小块，再将柠檬去皮。

3. 榨汁机榨汁：将所有材料一起放入榨汁机里榨汁，再加入少许冰糖调味即可。

温暖小提示：

在挑选柳橙时一定要选择果皮完整且光滑漂亮的。菠萝虽然美味，但不能多吃，对于身体不适或腹泻的人，不能将菠萝汁与蜂蜜调配在一起饮用。

女人"饮"言：

● 柳橙不仅可以美白、抗氧化，还能增强人体的免疫力，抑制癌细胞的生长。其中含有的维生素A可以提高皮肤的新陈代谢，促进血液循环，预防皮肤老化。此外，柳橙还含有丰富的膳食纤维，有助于排便。

● 菠萝性味甘平。对于想拥有好身材的女性来说，还能预防脂肪沉积。若吃完油腻的食物后，再喝一杯柳橙菠萝汁，那是再好不过的了。

○ 苹果绿茶汁

果饮材料：

苹果1/2个，柠檬1/2个，绿茶粉1包，蜂蜜少许。

果饮细解：

1. 水果处理：先将柠檬洗干净，再将苹果去皮、去核，切成小块。

2. 绿茶处理：用热水冲泡好绿茶粉，晾凉备用。

3. 榨汁机榨汁：将柠檬、苹果一起放入榨汁机，榨取原汁即可。

4. 加蜂蜜饮用：将冲好的绿茶粉放入果汁中，再加入少许蜂蜜调味。

温暖小提示：

在饭前喝苹果绿茶汁可以控制食欲，有助于减肥。但是女性在月经期间不宜饮用，因为绿茶中含有较多的鞣酸，会与食物中的铁分子结合形成沉淀。而女性在月经期间铁会流失，如果这时饮用绿茶，身体对铁的吸收阻碍就会更大，甚至加重痛经、腰酸等反应。

女人"饮"言：

- 苹果含有丰富的钾，可以缓解因摄取过量的钠而引起的水肿。此外，苹果还有利尿的作用，能帮助身体排出多余的水分，带走体内的毒素。
- 绿茶内含有茶多酚，而茶多酚具有很强的抗氧化性和生理活性，是人体自由基的清除剂。所以，常饮绿茶，能帮助人们延缓衰老。

缔造美肌必备基底

○ 番茄苹果香橙汁

果饮材料：

番茄2个，苹果2个，橙子1个。

果饮细解：

1. 水果处理：将番茄洗净后，放入开水中烫一下，剥皮切块；将苹果洗净，去核切块；橙子洗净剥皮，切成小块。

2. 榨汁机榨汁：将三种食材一同放入榨汁机中榨汁即可。

温暖小提示：

这款含有丰富维生素C的果汁最好榨好后马上喝完，否则维生素C氧化后，营养就所剩无几了。

如何更美味

将番茄去皮后榨汁，口感会更好，而且也能去除残余的农药。不过，番茄皮中也含有丰富的营养，如果经过充分清洗，可以连皮榨汁。

女人“饮”言：

● 番茄、苹果、橙子都是典型的碱性水果，坚持食用，可以将处于亚健康的酸性体质向弱碱体质转化，身体健康了不说，表现在外就是拥有柔滑好肌肤。

● 番茄、苹果、橙子均是含有丰富维生素C的水果，尤其是橙子，维生素C的含量十分丰富，几乎成了维生素C的代名词。将这几种水果一起榨汁，坚持饮用，不仅可以排出身体中有害的毒素，还能有效解决肌肤问题，令肌肤白皙无瑕、水润透亮。

○ 香醇葡萄柠檬汁

果饮材料：

葡萄1串，柠檬1个，蜂蜜适量。

果饮细解：

1. 处理葡萄：剪去葡萄蒂，将葡萄粒放入盆中，加水盖过葡萄，再往水里撒一些面粉，用手掌在水里“滑”几下，接着倒掉面粉水，将葡萄用清水清洗干净。

2. 柠檬处理：将柠檬充分洗净，然后切片备用。

3. 榨汁机榨汁：将洗净的葡萄粒和柠檬片一起放入榨汁机，榨成汁。

4. 即时饮用：将榨好的汁倒入杯中，加入适量蜂蜜饮用即可。

温暖小提示：

葡萄皮中拥有丰富的营养，所以最好连皮榨汁。如果担心果皮有残余农药，放入面粉水中即可充分洗净。另外，喝完葡萄汁后不要立即喝水或喝牛奶，马上喝水容易产生腹泻，而牛奶会和葡萄中的维生素C发生反应，使胃部产生不适反应。

女人“饮”言：

- 在酒精类饮料中，葡萄酒是唯一的碱性饮料。同样，葡萄汁也是非常棒的碱性饮料，每天饮用一杯，可以维持人体的弱碱状态。
- 葡萄营养成分丰富，不仅含有一般果品所共有的糖、酸、矿物质，而且含有与人类健康息息相关的生物活性物质——叶酸、维生素等。
- 葡萄的果皮、果肉、籽粒中都含有许多有益肌肤的营养成分，是不折不扣的“美容大王”。蜂蜜是传统的滋补品，有促进人体新陈代谢的作用。

○ 猕猴桃甜橙柠檬汁

果饮材料：

猕猴桃1个，甜橙1个，柠檬1/2个，纯净水1杯。

果饮细解：

1. 水果处理：将猕猴桃、甜橙、柠檬洗净去皮，然后切成小块。

2. 榨汁机榨汁：将所有材料放入榨汁机中，加一杯纯净水，榨取原汁即可。

温暖小提示：

购买橙子的时候，并不是越光滑越好，可用湿纸巾在表面擦一擦，看是否涂抹了人工色素。此外，喜欢用水果皮来做面膜的女性要注意了，橙子皮是不能用来做面膜的，因为橙子皮上一般会有很难用水清洗干净的保鲜剂，它会对皮肤造成伤害。

女人"饮"言：

● 猕猴桃和橙子都属于寒性水果，适合具有热性体质的人经常食用，不仅能调理身体的阴虚现象，还可以降低血液中的胆固醇水平，所以是保持人体健康的重要水果。此外，将猕猴桃与橙子搭配饮用，还能让肌肤活跃再生。若再加点柠檬汁，则美白润肤效果更佳。

○ 香芹黄瓜汁

果饮材料：

黄瓜2根，香芹3棵，蜂蜜适量，冷开水适量。

果饮细解：

1. 处理果蔬：将黄瓜充分洗净后，去掉有苦味的尾部，再切成小块；香芹冲洗干净后切段备用。

2. 榨汁机榨汁：将黄瓜块和香芹段倒入榨汁机，加入适量冷开水，榨成汁。

3. 即时饮用：将榨好的果蔬汁倒入杯中，加入适量蜂蜜调味即可饮用。

温馨小提示：

香芹与黄瓜一起加热同食，会破坏芹菜中的维生素成分，但榨汁时维生素不会损失。另外，香芹和黄瓜都是瘦身的好帮手，因而这款香芹黄瓜汁还能起到瘦身的作用，饮用时最好能连同蔬果渣一起食用。

女人“饮”言：

- 香芹属于高纤维食物，经过肠胃的消化作用后会产生一种木质素或肠内脂的物质，这类物质是一种优秀的抗氧化剂，能有效排出体内毒素。将同属碱性食物的香芹与黄瓜一起联合榨成的蔬果汁，能平衡人体酸碱度，让肌肤呈现出理想的状态。
- 经常吃香芹尤其是吃香芹叶，对高血压等疾病有预防或者辅助治疗的作用。
- 香芹的根叶中含有丰富的维生素A、B族维生素及维生素C，能有效改善肌肤状况。

美白、乌发一举两得

○ 香蕉草莓苹果汁

果饮材料：

苹果1个，草莓3个，香蕉1根。

果饮细解：

1. 处理苹果、草莓：将苹果充分洗净，不去皮，去核后切成块；草莓充分洗净，去蒂后对半切块。

2. 香蕉榨汁：将香蕉去蒂洗净，连皮切小块，放入榨汁机榨成汁。

3. 苹果、草莓榨汁：将苹果块和草莓块倒入榨汁机榨成汁。

4. 调匀、饮用：将香蕉汁和苹果草莓汁混合，调匀后饮用即可。

温暖小提示：

草莓是一种人见人爱的水果，在挑选的时候应该尽量挑选色泽鲜亮、有细小绒毛以及用手轻捏时感觉较硬的草莓，过于水灵以及过大的草莓都不要买。对于香蕉，很多人喜欢去皮再榨汁，其实香蕉的果皮有着不逊于果肉的护肤效果，扔掉了实在可惜，建议清洗干净后一起榨成汁。

女人“饮”言：

● 苹果的护肤作用恐怕大家早已耳熟能详，苹果中含量丰富的维生素C具有亮白肌肤的作用。将维生素含量丰富的香蕉和草莓与苹果一起榨汁，可以加强果汁的护肤功能，令肌肤水润亮泽、细腻柔滑。

● 苹果还具有护发的作用。苹果之所以能呵护头发，是因为苹果中含有大量头发所需的营养，其中苹果酸可以防止头发干枯分叉，而果胶则能锁住秀发的水分。苹果中的营养成分还能够抑制恼人的头皮屑的生长，有镇定头皮和止痒的功效。

○ 苹果草莓生菜汁

果饮材料：

苹果2个，生菜2棵，草莓3个，柠檬1个。

果饮细解：

1. 果蔬处理：苹果充分洗净后，去核切块；草莓去蒂后洗净，对半切开；生菜放入清水中浸泡10分钟，再用清水洗净，接着撕成碎块。

2. 柠檬榨汁：柠檬洗净后切片，再放入榨汁机中榨成汁。

3. 果蔬榨汁：将苹果、生菜、草莓一起放入榨汁机，榨成汁。

4. 即时饮用。将柠檬汁兑入果蔬汁中，调匀后即可饮用。

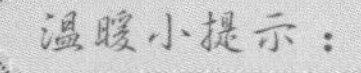

温暖小提示：

如果想要使此款蔬果汁具有乌发的效果，可以减少生菜和草莓的含量，添加200克左右的桑葚一起榨汁。桑葚也是一种十分有营养的水果，乌发明目的作用尤其突出，另外桑葚还能滋养肌肤并保持肌肤活力。

女人“饮”言：

● 苹果具有护肤和护发的双效功能，与维生素含量丰富的生菜一起榨汁，可以增强护肤的功能。

● 生菜中含有丰富的水分，能起到为肌肤补水的作用。

● 酸甜可口的草莓不仅可以使整款蔬果汁口感更佳，而且草莓的维生素C含量极为丰富，可消除肌肤的松弛或紧绷状态，令肌肤细腻有弹性。

● 添加口感偏酸的柠檬汁一起饮用，口感会更佳。同时，柠檬中的柠檬酸成分对于护肤和护发都有帮助。如果想通过柠檬护发，可以在洗头时，往水中滴几滴新鲜的柠檬汁。

○ 清香猕猴桃汁

果饮材料：

猕猴桃3个，柠檬1个，冰块适量。

果饮细解：

1. 削切猕猴桃：猕猴桃洗净后，小心削去果皮，切成小块。

2. 柠檬切片：柠檬洗净，连皮切成片即可。

3. 榨汁机榨汁：将猕猴桃、柠檬倒入干净的榨汁机，再倒入适量冰块，搅打均匀。

4. 倒出饮用：将果汁倒入杯中即可饮用，也可加入少量蜂蜜后再饮用。

温暖小提示：

猕猴桃果皮中含有许多有价值的营养元素，榨汁时可保留猕猴桃皮。不过，带皮榨成的汁会有一种辛辣苦涩的味道。如果觉得味道难以忍受，可以削皮再榨。在早晨或上午榨汁喝，猕猴桃的营养成分更容易被吸收。此外，由于维生素C容易氧化、流失，为了达到美白功效，最好现榨现饮。

女人“饮”言：

● 猕猴桃含有丰富的食物纤维、维生素C、B族维生素以及钙、磷、钾等微量元素和矿物质，具有排出肌肤毒素及呵护肌肤的美容功效，能预防色素沉着，保持肌肤白皙透亮，有“美肤金矿”的美誉。

● 猕猴桃与有“美白之王”之称的柠檬一起食用，可缩小毛孔，令肌肤更加白皙润泽。

橘子柠檬双优美白果汁

果饮材料：

橘子3个，柠檬1个，少量碎冰。

果饮细解：

1. 橘子榨汁：橘子剥皮，掰成小瓣，放入榨汁机中榨汁。

2. 柠檬榨汁：柠檬洗净，切成小块，放入榨汁机中榨成汁。

3. 即时饮用：将橘子汁和柠檬汁调匀，放入碎冰后即可饮用。如果希望更甜，也可以调入蜂蜜后再饮用。

温暖小提示：

柑橘类水果的特点是含有丰富的维生素C，美白的功效十分突出，是绝佳的美容圣品。不过要注意最好在晚上饮用，以避免柑橘类水果的光敏作用。

女人“饮”言：

● 柠檬是一种非常好的美容水果，柠檬中蕴含的柠檬酸成分不但可抑制色素在皮肤内沉着，而且能软化皮肤的角质层，使肌肤白净且富有光泽。

● 同属于柑橘类水果的橘子、柠檬一起饮用，可以收到美容护肤的双重效果，而且橘子和柠檬同样酸甜可口并香气宜人，是非常讨人喜欢的果饮。

减肥塑形还你窈窕身姿

○ 明媚芒果菠萝汁

果饮材料：

菠萝1个，芒果2个，冰块适量。

果饮细解：

1. 菠萝榨汁：耐心给菠萝去皮并切块，放入盐水中浸泡15分钟，再放入榨汁机中榨汁，然后倒出果汁。

2. 芒果处理：芒果洗净、去皮、去核，放入榨汁机，并加入适量冰块一起打匀。

3. 立即饮用：将菠萝汁和芒果汁放在一起，搅拌均匀后饮用即可。

温暖小提示：

过量食用菠萝或者食用了未经处理的菠萝，会导致味觉迟钝，并刺激口腔黏膜。所以，一次不能食用太多，在食用之前一定要放入盐水中充分浸泡，然后再用凉开水冲去咸味，就可以避免这种情况发生了。

女人"饮"言：

● 菠萝之所以能有助减肥，是因为它丰富的果汁能有效酸解脂肪。而芒果可以减肥瘦身的秘密在于其中含有的大量纤维质，具有清理肠胃，促进消化的作用。

● 如果喜欢吃肉，又担心会长胖，可以在饭后吃一些菠萝，菠萝中的蛋白酶能有效分解食物中的蛋白质，增加肠胃的蠕动。

○ 菠萝柠檬蔬菜汁

果饮材料：

菠萝1个，芹菜2棵，西红柿1个，柠檬1个，凉开水适量。

果饮细解：

1. 蔬果处理：菠萝去皮，洗净切块，放入盐水中浸泡15分钟后捞出；西红柿洗净切块；芹菜洗净切段。

2. 柠檬榨汁：柠檬洗净后切片，再用榨汁机榨成汁。

3. 蔬果榨汁：将菠萝、芹菜、西红柿一起放入榨汁机，放入少量凉开水，榨成汁。之后往榨好的蔬果汁中兑入柠檬汁，调匀后即可饮用。

温暖小提示：

苹果的瘦身效果也很不错，如果用苹果替换菠萝榨汁，也能达到瘦身的效果，同时口感也不错。

女人"饮"言：

● 芹菜是一种非常有益健康的蔬菜，其粗纤维成分不仅具有排毒养颜的功效，还可以刮洗肠壁，减少脂肪被小肠吸收，具有消脂减肥的作用。芹菜还具有利尿的功能，能帮助人体排出多余的水分，再加上所含热量低，因此瘦身效果不错。

● 将菠萝与芹菜以及瘦身明星西红柿一起榨成汁，就成了当之无愧的瘦身饮品。

○ 紫葡菠萝杏汁

果饮材料：

菠萝1个，葡萄1串，杏2个。

果饮细解：

1. 水果处理：菠萝去皮洗净，切成块后放入盐水中浸泡15分钟；杏清洗干净后去核切块；葡萄去蒂后清洗干净。

2. 榨汁机榨汁：将所有材料放入榨汁机中榨成汁。

3. 即时饮用：将榨好的果汁倒入杯中饮用即可，也可加入少许碎冰再喝。

温暖小提示：

杏具有丰富的营养成分，深受人们的喜欢，不过杏的营养成分里包含自然水杨酸，这种成分和阿司匹林里的活性成分很相似，因此，对阿司匹林过敏的人最好不要饮用此道果汁。

女人“饮”言：

● 葡萄皮中含有能降低血脂、加速脂肪分解的葡萄多酚、单宁、花青素等物质。葡萄肉中含有丰富的水溶性B族维生素以及钙、钾、磷和镁等矿物质，有排毒、清理体内环境的作用，能加快身体新陈代谢。与瘦身水果菠萝搭配榨汁，效果会更加明显。

● 瘦身时肌肤容易出现很多问题，葡萄籽具有良好的美白作用，菠萝中所含的丰富的营养元素也具有润泽肌肤的功效，而杏中丰富的营养成分也能滋养肌肤。

西柚杨梅汁

果饮材料：

西柚1个，杨梅5颗，纯净水适量。

果饮细解：

1. 水果处理：西柚去皮，切成小块；杨梅洗净去核。

2. 榨汁机榨汁：将西柚和杨梅一起放入榨汁机，加入适量的纯净水，榨取原汁。

温暖小提示：

在挑选西柚的时候，同等体积的西柚以选择重量大的为宜，越重代表汁量越多。重量相当的以皮薄柔软且具有光泽的为好。挑选杨梅的时候则应选择看上去十分饱满圆润且呈乌黑色的。

女人"饮"言：

西柚富含天然维生素C和维生素P，可降低胆固醇，促进脂肪的新陈代谢，而且西柚含糖量较少，热量极低，每个西柚大约只有60卡，因而被爱美女性当作减肥的首选水果。

杨梅具有清热解毒、生津止渴的功效，与西柚一起制成果汁饮用，能使人体内的糖分转化为能量，从而帮助脂肪燃烧。杨梅中还含有大量的维生素C，不仅直接参与人体内糖的代谢和氧化还原工程，增加毛细血管的通透性，还能降血脂以及防癌抗癌。

○ 琼脂苹果汁

果饮材料：

苹果1个，琼脂10克，蜂蜜少许，纯净水适量。

果饮细解：

1. 水果处理：将苹果洗干净，去皮、去核，然后切成小块。
2. 处理琼脂：将琼脂事先用温水泡1小时，再取出剁碎。
3. 榨汁机榨汁：将苹果放入榨汁机中，加入适量的纯净水榨汁。
4. 加入琼脂：榨好后取出里面的滤网，再放入琼脂和苹果汁一起打匀，然后搅拌一下便可直接饮用。还可以根据个人喜好加入适量的蜂蜜。

温暖小提示：

琼脂不宜与酸性食品混合，会影响其瘦身效果。优质的琼脂，体白、通透、体干，选择时以弹性大、牢度强、坚韧的为宜。

女人"饮"言：

● 琼脂是经由加工凝固而成的海藻精华，富含丰富的膳食纤维，非常适合肥胖、高血压、便秘人士食用，它能在肠道内吸收水分，刺激肠壁，改善便秘，还有助于预防糖尿病，所以被公认为是21世纪最健康的食品之一。

● 苹果是美容佳品，既能帮助女性减脂瘦身，又能让肌肤变得红润透亮，而且其中所富含的营养十分全面，若经常食用，对人体健康也是益处良多的。

○ 芒果柳橙苹果汁

果饮材料：

芒果2个，柳橙1/2个，苹果1个，纯净水适量。

果饮细解：

1. 水果处理：将芒果、柳橙、苹果洗净，再去皮、去核，并切成小块。

2. 榨汁机榨汁：将三种水果放入榨汁机中，加入适量的纯净水榨取原汁，还可以根据个人口味加入少许蜂蜜。

温暖小提示：

芒果虽美味，但却不好剥开。建议大家用牙签来巧剥芒果，方法就是：先用牙签沿着芒果的中线画出线条，再把牙签从线条处插到芒果体内，并在下表皮滑动，然后轻轻掰开两边的芒果皮。这样就能吃到较完整的芒果了。

女人"饮"言：

- 芒果果肉多汁，味道甘美，富含多种维生素，能降低胆固醇，有助于明目，还可当作利尿剂使用。对于女性来说，芒果还能润泽肌肤，可谓是当之无愧的美容圣品。
- 柳橙含有天然维生素、苹果酸、果胶等，能够帮助排泄，还有降低血脂的作用。此外，它还含有丰富的膳食纤维，能够净化肠道，若经常食用，能达到不错的瘦身效果。

〇 西瓜苹果汁

果饮材料：

苹果1个，西瓜1/4个。

果饮细解：

1. 水果处理：将苹果洗净、去皮，切成小块；西瓜挖出瓜瓤。
2. 榨汁机榨汁：将两种水果放入榨汁机中，榨取原汁即可。

温暖小提示：

西瓜全身都是宝，连果皮也可以入药。新鲜的西瓜皮能增强皮肤弹性、减少皱纹，在榨汁时可将果皮洗净同果肉一同放入榨汁机中榨汁。也可以把西瓜外面的绿皮切掉，用里面的白皮薄片敷面。

女人"饮"言：

● 西瓜是天然的美容圣果，西瓜汁中含有瓜氨酸、丙氨酸、谷氨酸、精氨酸、苹果酸等多种具有皮肤生理活性的氨基酸，十分容易被皮肤吸收，能够起到滋润面部肌肤以及防晒、增白的作用。

● 苹果中含有人体必不可少的各类氨基酸、蛋白质、维生素、矿物质和胡萝卜素等，经常食用苹果，既能满足人体对各类营养的需求，又易于消化吸收，而且热量极低，可谓当代女性的瘦身佳品。其中还含有丰富的镁元素，可以使皮肤红润光滑且富有弹性。

〇 番茄柠檬汁

果饮材料：

番茄3个，柠檬1个，蜂蜜适量。

果饮细解：

1. 番茄榨汁：将番茄洗净后切块，接着用榨汁机榨汁。

2. 柠檬榨汁：柠檬洗净后切成片，放入榨汁机榨成汁。

2. 即时饮用：将番茄汁和柠檬汁一起拌匀，放入蜂蜜调味即可饮用。

温暖小提示：

番茄虽然营养丰富，但不宜空腹吃。这是因为人体在空腹状态时会分泌较多胃酸，而番茄含有大量的胶质、果质等成分，容易与胃酸起化学反应，生成难于溶解的“结石”，造成胃部不适。

女人“饮”言：

● 番茄中含有丰富的维生素C，能延缓肌肤衰老，使肌肤保持白皙水嫩的状态。柠檬中的柠檬酸具有防止和消除皮肤色素沉着的作用，能使肌肤洁净白皙。

● 这款果汁的瘦身功效也不错。一方面是因为其热量非常低，另一方面是因为柠檬中的柠檬酸是热量代谢过程中的重要物质。

○ 黄瓜柠檬汁

果饮材料：

黄瓜2根，柠檬1个，蜂蜜适量。

果饮细解：

1. 黄瓜榨汁：黄瓜充分洗净后切块，接着用榨汁机榨汁。

2. 柠檬榨汁：柠檬冲洗干净后切成片，放入榨汁机榨成汁。

3. 即时饮用：将黄瓜汁和柠檬汁一起拌匀，再放入适量蜂蜜调味即可饮用。

温暖小提示：

黄瓜属于凉性食物，女性在生理期间最好少吃，另外脾胃虚弱、腹痛腹泻、肺寒咳嗽的人也不宜多吃。

女人"饮"言：

● 黄瓜是典型的低热量食物，可以避免热量摄入过多的情况。

● 黄瓜中存在一种叫丙醇二酸的物质，这种物质具有抑制糖类转化为脂肪的作用，能有效减少体内的脂肪。

● 黄瓜所含的黄瓜酸也能促进人体新陈代谢，具有燃烧脂肪的作用。

● 黄瓜中的纤维素能够促进肠道蠕动，同时还具有排毒的功效。

〇 木瓜玉米奶

果饮材料：

木瓜1/4个，熟玉米1根，牛奶1杯，蜂蜜少许。

果饮细解：

1. **果蔬处理：将木瓜洗净，去皮、去籽，切成小块；再将玉米粒搓下。**
2. **榨汁机榨汁：将玉米粒、木瓜、牛奶一同放入榨汁机搅打30秒。然后加入适量的蜂蜜调味即可饮用。**

温暖小提示：

在挑选木瓜时，以选择多半熟的为宜。购买时可用手轻捏，果实坚硬有弹性的最好。木瓜买后最好不要放置太长时间，也不宜在冰箱放太久，否则容易长斑点或变黑。

女人"饮"言：

● 玉米属于杂粮，营养价值极高，其中所含的镁元素可增加肠壁蠕动，促进机体废物排泄；含有的维生素C与异麦芽低聚糖等，有长寿、美容之效。由于玉米食用后容易让人产生饱腹感，热量又很低，所以是女性减肥的必备食物。

● 木瓜含有一种能消化蛋白质的酶，能够促进人体对食物的吸收和消化。木瓜还含有丰富的胡萝卜素、蛋白质、钙盐、柠檬酶等，对美容护肤、抵御衰老具有明显的作用。

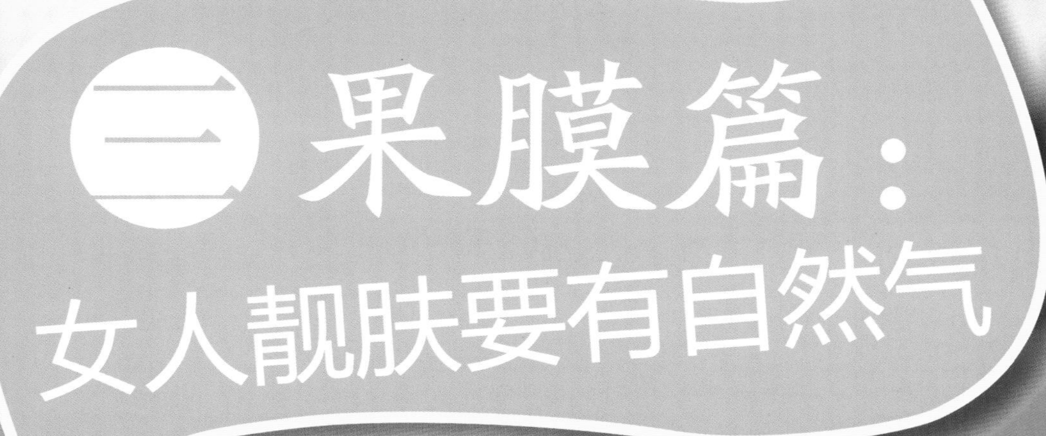
三 果膜篇：
女人靓肤要有自然气

给肌肤开处方，测测你属于哪种肤质

肤质按特性来分，可分为5大类 。只有先弄清楚自己是哪一类肤质，然后才能有针对性地护肤。

类　型	特　　征
中性皮肤	皮肤摸上去细腻有弹性，在天气转冷时容易干燥，夏天有时油光光的，较耐晒，对外界刺激不敏感。这类皮肤没什么大问题，至多有微量出油状况。
干性皮肤	皮肤看上去很细腻，只在换季时皮肤容易变干燥，有脱皮现象，容易生成皱纹及斑点，用食指轻压皮肤，会出现细纹，但很少长粉刺和暗疮。
油性皮肤	面部经常油光光的，毛孔粗大，肤质粗糙，角质层厚且易生暗疮粉刺，不易产生皱纹。
混合性皮肤	额头、鼻梁、下颌处容易泛油光，其余部分则较干燥。
敏感性皮肤	皮肤较薄，天生脆弱缺乏弹性，换季或遇冷热时皮肤容易发红且起小丘疹，毛细血管浅，容易破裂形成小红丝。

“果”色生香的面膜使用原则

水果蕴含着神奇的力量，其富含的各类维生素、矿物质等营养元素及水果天然的美肤特性，能带给肌肤意想不到的滋养效果。在如今崇尚自然的潮流引领下，越来越多的爱美女生更愿意尝试给自己做一款鲜嫩的水果面膜，让肌肤享受到纯天然的水果滋润。

水果面膜和吃水果一样，尽管好处多多，但也不能随性而为。下面一些原则，是敷果膜之前必须要熟记于心的。

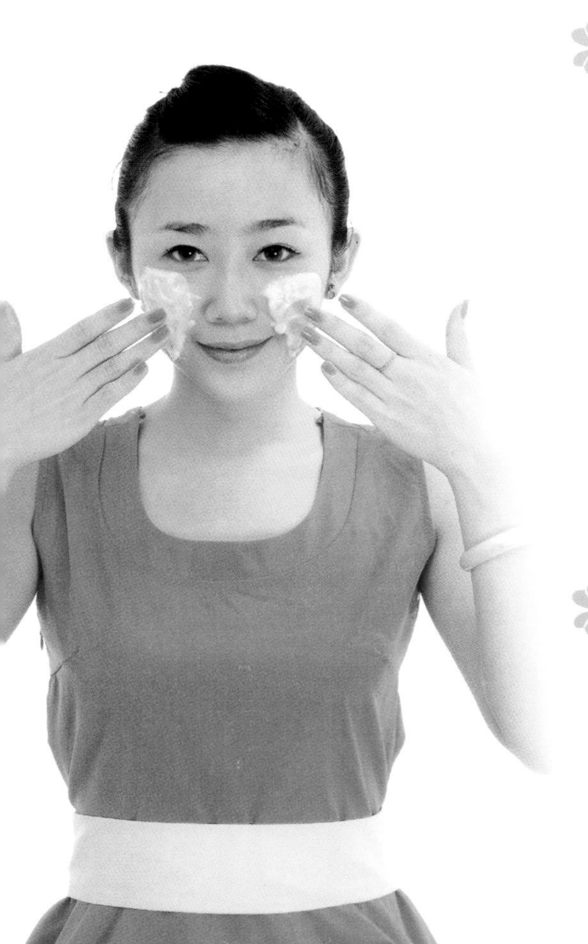

适合自己肤质的果膜才是最好的

每一种水果面膜听起来都足够诱人，但是，并非所有的面膜都适合你。每个人的肤质、状况各不相同，加上季节、气候的变化，应该根据自己的肤质选择不同成分的面膜。例如香蕉可以保湿，比较适用于干性皮肤；苹果、黄瓜和番茄面膜具有敛聚作用，更适合油性皮肤。所以，只有那些符合自己肤质特点的果膜，敷面后才会收到与众不同的效果。

制成的果膜也不要急于涂抹在脸上，最好先做皮肤测试，将果膜涂在手腕内侧，等待5～10分钟，皮肤如果没有红肿或过敏症状，就可以放心使用了。

最佳敷面时间

晚上睡觉前，是适宜敷面膜的最佳时间。因为此时细胞生长和修复活动相当旺盛。这个时候敷面，有助于将面膜中的养分随新陈代谢传入肌肤底层，给肌肤最充足的滋养。

敷面时间不要贪多

敷脸时间并不是越长越好，一般来说，10～20分钟或者果膜干至八成状态，这个时候，敷面就已经达到了效果，然后用清水彻底将面部和颈部冲洗干净即可。如果敷面时间过长，面膜变干后，不仅不能给肌肤提供营养，反而会吸收肌肤中的水分，这样就得不偿失了。

把握好敷面频率

面膜不需要天天敷，原则上每周使用1～3次即可。像脸上有痘痘、黄斑的，可每周敷1～2次。蛋白质类的面膜，使用不宜频繁，一周2次为上限。

熟记含光敏性物质的水果

一些水果中含有光敏性物质，如新鲜芦荟中的芦荟甙和鲜芒果中的芒果甙极易吸收光线中的中长波紫外线，使皮肤产生过敏反应，引起局部红肿。所以，不要将榨出的新鲜汁液随意直接涂抹在脸上。其他需要留意的还有桃子、西红柿、红葡萄、柠檬等。虽然这些水果含光敏物质，但与其他面膜材料搭配，面膜效果不会打折扣。敷完之后，不立刻到太阳光下走动就不会有问题。当然，敏感性肌肤或患皮肤湿疹及哮喘的，用水果敷面时更需谨慎。

百分百天然果膜制作技巧

在家自制纯天然的果膜，是一件既放松心情又美肤的事情。尽管果膜制作容易，但若掌握一些制作技巧，效果立刻大不同。

材料要新鲜

制作果膜，要选择新鲜、成熟的应季水果。新鲜水果做成的面膜，其营养成分流失少，能被肌肤更好地吸收。

添加有技巧

为了肌肤更方便地吸收营养，如果是干性肌肤，可以在面膜中加入几滴天然植物油或蜂蜜，能起到保湿和滋养的作用。如果是油性肌肤，则可以加入一点点柠檬汁来收敛肌肤，让嫩肤效果更棒。

工具要干净

制作时，手一定要先洗干净。其他的工具，如面膜碗、搅拌筷、果汁机等，在整个制作过程中都要保持清洁。

现做现用

果膜讲究的是天然，因此从原料到制成都要留意保质期，最好现做现用。如果一次用不完，面膜碗应用保鲜膜封好口，放到冰箱冷藏保存，注意不要超过一个星期。尤其是加入了奶制品的果膜，更要细心保存，以免面膜腐坏。

因时制宜

自制面膜的最大优势在于自由度很大，因此，面膜的成分和类型不能一成不变。要根据自己的皮肤状况以及季节气候的变化适时作出调整。比如夏季可以多用一些具有清洁和收敛作用的面膜，冬季可使用具有保湿功能的面膜。

果膜敷面完美进行5部曲

结束了一天的繁忙工作回到家，很多女性往往会选择自制一款果膜为肌肤补充能量，但是在果膜制作完成后，可别急着就往脸上抹，面膜护理虽看似简单，但实则包含了不少的学问。只有掌握了正确的敷面步骤，才不会影响到面膜的整体功效。所以，在正式敷果膜之前，有必要将以下5个步骤熟记于心。

敷面之前清洁脸部

在使用面膜之前，一定要彻底地清洁脸部肌肤，这样才能打开肌肤的吸收通道，提高面膜的功效。首先将双手洗干净，挤适量的洁面产品到手上，待揉搓起泡后再涂抹到脸上，然后用清水洗净。为了获得更好的敷面效果，可用热毛巾敷脸3～5分钟，这个步骤非常重要，因为只有脸部的毛孔充分扩张后，才能吸收水果面膜中的营养成分和水分。

涂抹顺序要正确

正式敷果膜时，可不能随心所欲，想涂哪里就涂哪里。应该先从脸部最不容易干的部位开始涂抹，脸颊外侧、眼角、鼻子下面等部位容易干，放在最后涂抹。所以，正确的涂抹顺序是这样：颈部→下颌→脸颊→鼻、唇→额头。要尽量避免在眼睛、嘴唇周围涂果膜，因为这些部位的皮肤相对而言要更加娇嫩一些，必要时可放上眼垫保护。

敷面时放松心情

心情放松能带来更好的护肤体验和效果。脸部和颈部敷上果膜后，尽量平躺身体，不说话，也不要做其他事情，使身体和心情完全放松。最好闭上眼睛，让脸部肌肉舒展开来，充分感受水果面膜提供的天然美肤养分。

及时清洗干净

不同的果膜，敷面时间不等，一般都在10～20分钟之间，大多不要超过30分钟。时间到了后要及时用清水清洗脸部和颈部，注意不要用毛巾直接擦脸。用双手一边轻柔地按摩脸部，一边将果膜洗去。脸上不要残留任何果膜，必须彻底清洗干净。

日常护肤品正常跟进

脸部清洗干净后，要及时使用保湿型的化妆水，再涂抹精华液和滋润霜或者润肤乳。涂抹时，用手指轻柔地按摩眼周和唇部周围，轻拍脸颊和额头，帮助肌肤更好地吸收护肤品。敷完面膜之后立刻跟进日常护肤品，能锁住面膜营养成分，让肌肤更滋润。

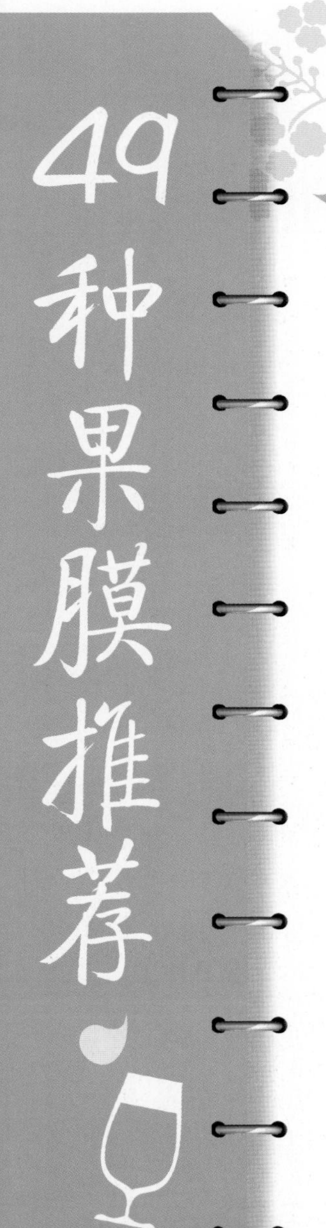

特效清洁面膜

○ 柑橘蛋清面膜

果膜材料：

柑橘2个，鸡蛋1个，脱脂奶粉1/4杯，面膜碗1个，搅拌棒1支。

果膜细解：

1. 用清水将柑橘洗干净，去皮后放入榨汁机中，榨取2汤匙柑橘汁。

2. 将鸡蛋打破，滤取蛋清。

3. 把蛋清和柑橘汁、脱脂奶粉混合在面膜碗中，搅拌均匀。

4. 将调好的面膜涂在脸上，静敷10分钟后，用温水洗净即可。

温暖小提示：

由于这款面膜含有蛋白成分，所以在敷面时不宜说话或做任何表情，应彻底放松肌肤，同时每次敷面不宜超过10分钟。

女人"膜"法：

● 柑橘的营养成分十分丰富，其中维生素C含量最高，是肌肤所需维生素C的最好供给源。此外，维生素A和微量元素硒能有效清洁肌肤。

● 将柑橘汁和蛋清搭配，能瞬间达到最佳的洁肤效果。

如何更美丽

如果想要在清洁之余让肌肤更白一些，可以在面膜中添加2小匙柠檬汁，但是敏感肌肤的人最好不用。

○ 木瓜柠檬去角质面膜

果膜材料：

木瓜1个，柠檬1个，纯净水适量，面膜碗1个，搅拌棒1支。

果膜细解：

1. 将木瓜洗干净，去除表皮和籽，切成小块，用搅拌器打搅成泥。
2. 柠檬洗干净，切片，挤出1/2勺柠檬汁液，与等量的纯净水稀释。
3. 把稀释好的柠檬汁和搅烂的木瓜泥一同倒入面膜碗中搅拌均匀。
4. 将稀薄适中的木瓜柠檬面膜敷在脸上，约20分钟后，用清水洗净。

温暖小提示：

角质层的代谢周期为28天，因而一个月去一次角质就足够了，像这样的去角质面膜不适宜敷得太频繁。如果经常去死皮，会使尚未成熟的角质失去抵抗外来侵害的能力，让肌肤变得敏感。因此，敏感性肌肤要慎用。

女人"膜"法：

● 木瓜中的酵素能去除肌肤表面的老化角质；富含的果酸成分十分温和，清除毛细孔中的脏污时，不会刺激到皮肤。

● 柠檬除了能美白，去角质也是一大特色。将木瓜和柠檬制成全效的去角质面膜，其清洁效果毋庸置疑。

如何更美丽

柠檬中含有光敏成分，遇到太阳会发生反应，所以想要拥有白皙肌肤的女性最好在夜间敷用这款面膜。

○ 苹果牛奶洁肤面膜

果膜材料：

苹果1/2个，牛奶2大匙，燕麦片1大匙，面膜碗1个，搅拌棒1支。

果膜细解：

1. 将1/2个苹果洗净，切成小块，放入果汁机中，打成泥状。

2. 把苹果泥、牛奶、燕麦粉一同倒进面膜碗，用搅拌棒充分搅匀。

3. 取适量苹果牛奶面膜仔细涂抹在脸部及颈部。 静敷15～20分钟，用清水彻底洗干净即可。

温暖小提示：

制作这款面膜时，宜选用鲜嫩多汁的苹果。苹果打成泥后可以直接将其敷在脸部，然后盖上面膜纸，这一招是特别省事的懒人方法。如果是油性皮肤，可以适当加些蛋清。这款面膜天然又纯净，苹果一年四季都有，可长期坚持使用。

女人“膜”法：

● 苹果中富含的有机酸，在促进皮肤新陈代谢的同时能活化细胞；燕麦片有去角质功能，能够去除肌肤表面的老废角质和毛孔中的杂质；牛奶能为肌肤提供保湿锁水成分。三者合一，不仅让肌肤清洁到底，还能使其更显清透水嫩。

● 这款面膜有杀菌消炎的功效，可在夏天修复晒伤肌肤时使用。

○ 菠萝蜂蜜面膜

果膜材料：

菠萝1个，蜂蜜2大匙，面膜碗1个。

果膜细解：

1. 将菠萝洗干净，去除表皮，切成小块，放入果汁机，榨出菠萝汁，然后盛在面膜碗中待用。

2. 清水洁面后，先在脸上涂抹一层蜂蜜，然后再涂上菠萝汁。15～20分钟后，用清水洗干净。

温暖小提示：

这种面膜适合各类型的肌肤，用后感觉非常清透和细腻。可以每周使用1～3次。

女人“膜”法：

● 菠萝汁多味甜，营养丰富，特含的菠萝蛋白酶、维生素、果酸及矿物质成分能深层洁净肌肤。

● 蜂蜜美容作用多多，能清洁肌肤、促进肌肤新陈代谢、减少色素沉积、防止皮肤干燥等等。菠萝汁和蜂蜜搭配，各施所长，能发挥出独特的清洁功效。

○ 哈密瓜洁净排毒面膜

果膜材料：

哈密瓜1/4个，面膜碗1个。

果膜细解：

1. 将哈密瓜去皮，切块，再置于搅拌机中，捣成果泥状。

2. 将哈密瓜泥直接均匀地涂抹在脸上，静敷15～20分钟后，用清水洗净。

温暖小提示：

制作这款面膜时，应尽量选择新鲜成熟的哈密瓜作为材料。这种面膜适合各类型的肌肤，每周可使用1～3次。肤色暗沉的女性可以多用哈密瓜面膜敷面，既能清洁皮肤，又能让皮肤重现光泽。

女人“膜”法：

● 哈密瓜中所含的丰富维生素、胡萝卜素、纤维素等营养元素，能深层清洁皮肤，帮助排出皮肤深层沉积的毒素。

● 哈密瓜单独做成面膜直接敷面，洁净排毒效果显著。

○ 柚子燕麦粉面膜

果膜材料：

柚子1/4个，燕麦粉1大匙，面膜碗1个，搅拌棒1支。

果膜细解：

1. 将柚子去皮，切成小块，放入榨汁机中，榨取柚子汁。

2. 把柚子汁和燕麦粉倒在面膜碗中，用搅拌棒搅拌均匀。

3. 取适量的面膜涂抹在脸上，约15～20分钟后，用清水彻底洗净，再进行日常的肌肤保养程序。

温暖小提示：

这款面膜比较适宜油性和混合性肌肤，清洁和去油效果很明显，但是在使用之前，记得先做一个敏感测试。另外，制作柚子燕麦粉面膜时，可以在榨出的柚子汁中适当加些纯净水，稀释后再使用。

女人"膜"法：

柚子属柑橘类水果，含有非常丰富的维生素C和其他营养元素以及类胰岛素成分，不仅能清洁肌肤，还能为肌肤提供充足的水分。

柚子与燕麦粉调匀后形成的特有磨砂成分能温和地去除肌肤表面的老废角质和死皮，清洁除油效果非常理想。

○ 芒果牛奶面膜

果膜材料：

芒果1个，牛奶100毫升，面膜碗1个，搅拌棒1支。

果膜细解：

1. 将芒果洗干净，去除皮和核，放在果汁机中，打成泥状。

2. 把芒果泥和牛奶一同倒在面膜碗中，用搅拌棒充分搅拌，调成稀薄适中、易于敷用的糊状。

3. 取适量面膜，均匀涂抹在脸部及颈部上，静敷15～20分钟，用清水洗净即可。

芒果不适宜单独拿来敷面，最好与牛奶混合在一起，而且用之前，应先在局部做敏感测试。不建议敏感肌肤用这款面膜。

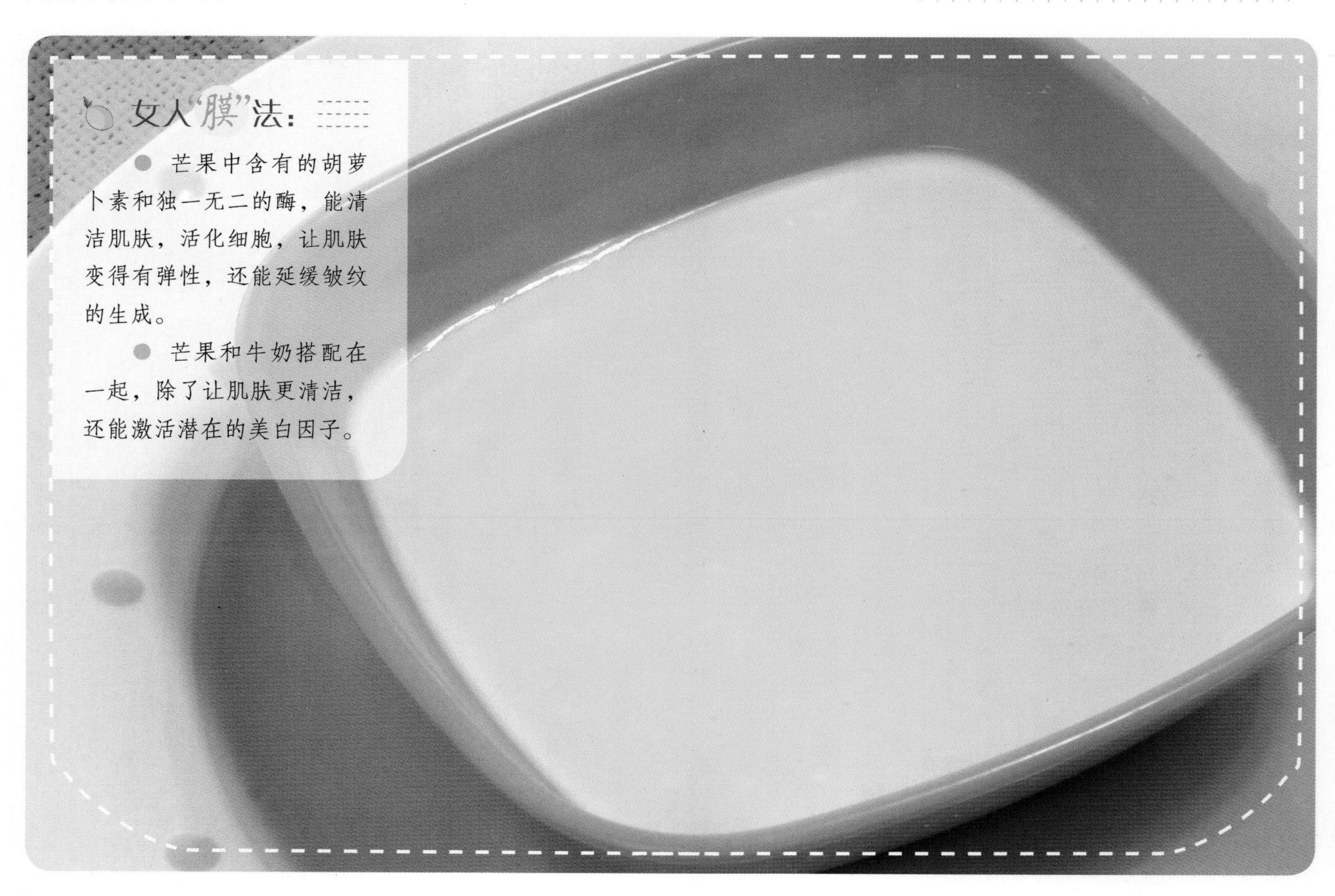

女人"膜"法：

● 芒果中含有的胡萝卜素和独一无二的酶，能清洁肌肤，活化细胞，让肌肤变得有弹性，还能延缓皱纹的生成。

● 芒果和牛奶搭配在一起，除了让肌肤更清洁，还能激活潜在的美白因子。

○ 番茄粗盐磨砂面膜

果膜材料：

番茄1个，粗盐和面粉适量，面膜碗1个，搅拌棒1支。

果膜细解：

1. 将番茄洗净去皮，打成泥状。

2. 将番茄泥倒入面膜碗中，加适量的粗盐及面粉搅拌均匀，使其达到一定的黏稠度，并使粗盐充分融化。

3. 将搅拌均匀的面膜涂于脸上，约15分钟后用清水洗净。

温暖小提示：

这类面膜的磨砂成分能够有效地软化死皮、去除角质，而番茄中的茄红素也能起到去除油脂的功效。需要注意的是，“粗盐”不等同于“食用盐”，一般在药店和超市均可买到。此款面膜由于含有粗盐小颗粒成分，比较容易磨伤肌肤，故使用之前可先涂抹一层乳霜打底。油性肌肤，建议一星期最多使用1～2次；混合性肌肤，建议一星期使用2～3次。

女人“膜”法：

● 粗盐可以有效清除老死细胞，深层清洁肌肤。

● 番茄可使肌肤亮白，对黑头、粉刺和油性肌肤比较有效。此外，番茄含有的茄红素具有独特的抗氧化能力，能清除自由基，防止面部衰老。

○ 雪梨乳酪清洁面膜

果膜材料：

雪梨1个，酸乳酪2汤匙，面膜碗1个，搅拌棒1支。

果膜细解：

1. 将雪梨放入冰箱冰镇2小时后，取出打成泥状，然后加入酸乳酪搅拌均匀。

2. 将搅拌均匀的面膜敷在面部，15分钟后用清水洗净。

温暖小提示：

此款面膜不仅可以温和去角质，还能溶解皮肤表面的油脂，但使用后面部肌肤可能会感觉有点干，立即涂抹补水产品，便可缓解。

女人"膜"法：

雪梨富含大量维生素C，具有温和的清洁与解毒功效，并对皮肤有保湿和修复作用，所以此款面膜非常适合易过敏及被晒伤的皮肤使用。此外，雪梨还能平衡油脂分泌，对于有着油性肌肤的人来说，可谓养颜护肤的法宝。

酸乳酪是一种美味可口的食物，不仅能直接食用，还能直接涂抹于面部，其中所含的乳酸可以促进细胞更新，使皮肤富有光泽，同时能起到美白、淡化黑眼圈和眼袋的功效，所以备受久坐办公室的熬夜一族的青睐。

控油战痘面膜

○ 黄瓜薄荷面膜

果膜材料：

黄瓜1/2根，薄荷油6滴，柠檬汁和鸡蛋清各1汤匙，面膜碗1个，搅拌棒1支。

果膜细解：

1. 黄瓜洗净，切成小块，放入搅拌机中搅成泥状。

2. 将黄瓜泥、薄荷油、柠檬汁和鸡蛋清一同倒在面膜碗中。

3. 用搅拌棒充分搅拌，调和成稀薄适中、易于敷用的糊状。

4. 将面膜涂抹在脸部，15分钟后，用水冲洗干净。注意，先用温水，再用冷水。

温暖小提示：

这款面膜非常适合油性肌肤，可每个星期使用1～2次。在使用之前，先用温水洁面，再用热毛巾敷脸约3～5分钟，更有利于面膜发挥洁肤控油的功效。若制作的面膜这次没用完，需密封好后放冰箱冷藏，一周内用完即可。

女人"膜"法：

● 黄瓜自身就是很好的天然面膜，它含有丰富的水分，且性质温和，能帮助皮肤充分吸收水分，起到滋润和收敛毛孔的作用。

● 黄瓜还可以吸取身体的多余热量，消除脸部的热胀感，同时排出毛孔中的污物。再配以以清凉著称的薄荷油，控油效果明显升级。

○ 草莓酸奶面膜

果膜材料：

草莓5颗，酸奶20毫升，蜂蜜3小匙，面粉2大匙，面膜碗1个，搅拌棒1支。

果膜细解：

1. 用清水将草莓冲洗干净，去蒂切半，放入搅拌机中打成泥状，也可以直接用钢勺压成泥状，不过这样做要费劲些。

2. 将草莓泥、酸奶、蜂蜜、面粉一同倒入面膜碗中，充分搅拌均匀。

3. 取适量调好的面膜仔细地涂在脸上及颈部，10～15分钟后，用清水彻底清洗干净。

温暖小提示：

草莓面膜具有良好的去油、洁肤作用，当然，在美白保湿、收缩毛孔方面，功效也不容小觑。坚持每周使用1次，肌肤的自然光泽度和幼滑感会有明显的提升。

女人"膜"法：

草莓作为美容佳品，拥有的维生素C遥遥领先于其他水果，内含的天然果酸，让它集美白、保湿、消毒、收敛、促进肌肤新陈代谢等多种功效于一身。

草莓性质温和，除了对皮脂分泌旺盛的皮肤有效外，其他肤质也都适合。

○ 苦瓜柠檬汁面膜

果膜材料：

苦瓜1/2根，柠檬1个，矿泉水适量，面膜纸1张，面膜碗1个。

果膜细解：

1. 苦瓜洗干净，去瓤切块，置于锅中，加适量矿泉水煮大约半小时，滤去苦瓜汁，盛在碗中晾凉。

2. 将柠檬洗净，放进榨汁机里榨取柠檬汁。

3. 把柠檬汁和晾凉的苦瓜汁倒进面膜碗中，然后放入冰箱冷藏保存。

4. 需要用时，将面膜纸浸泡在混合的苦瓜柠檬面膜液中，然后取出直接贴敷在脸上，轻轻挤净面膜纸与肌肤之间的小气泡。

5. 10～15分钟后，从上至下轻轻揭下面膜纸。然后用清水把脸洗净。

温暖小提示：

这款面膜适合各种肤质，每周可以使用1～3次，每次可做足一个星期的量，放在冰箱冷藏也不怕变质。为了避免不适反应，敷用之前应先在手背局部做敏感测试。做完面膜后，不要立刻在太阳下行走，因为面膜中的柠檬成分遇阳光极易造成皮肤过敏和晒伤。

女人“膜”法：

● 爱生痘痘的肌肤偏爱苦瓜，这是因为苦瓜中含有丰富的苦瓜素、苦瓜苷，能帮助皮肤排出毒素，消除痘痘。

● 柠檬汁中特有的柠檬酸和维生素C等营养成分，能为肌肤细胞提供充足的活力。

○ 柠檬苏打蛋黄面膜

果膜材料：

柠檬1个，鸡蛋1个，小苏打粉少许，面膜碗1个，搅拌棒1支。

果膜细解：

1. 将柠檬洗干净，切成薄片，放入榨汁机中，榨取柠檬汁。
2. 鸡蛋磕开，滤取鸡蛋黄，倒在面膜碗中，用筷子打至散状。
3. 往面膜碗中依次加入柠檬汁、小苏打粉，再搅拌均匀。
4. 取适量面膜，均匀涂抹在面部，静敷15～20分钟，然后用清水彻底洗净。

温暖小提示：

这款面膜适用于油性和混合性肌肤，敷面后会感觉肌肤很清透爽滑。柠檬是这个面膜的主心骨，因此要尽量选择新鲜成熟的。但凡看到面膜中含有柠檬材料，要养成敷面后不要在太阳下暴晒的习惯。

女人"膜"法：

小苏打粉的清洁魔力在护肤领域相当出色。蛋黄有着与蛋清与众不同的锁水滋润作用。

● 柠檬和小苏打粉、蛋黄组合在一起，能控制肌肤表面多余的油脂分泌，补充肌肤所需的大量水分。

女人"膜"法：

● 番茄具有非常强大的去油魔力，是它与生俱来的丰富维生素C、茄红素、天然果酸和磷等营养元素在起作用。

● 这些元素不仅能调节肌肤表面的水油平衡，还能去除毛细孔中的油腻和杂质，充足补充肌肤细胞所需要的水分。

○ 番茄蜂蜜面膜

果膜材料：

番茄1个，蜂蜜2小匙，苹果醋1小匙，面膜碗1个，钢勺和搅拌棒各1支。

果膜细解：

1. 番茄用清水冲洗干净，去蒂后切成小块，再用钢勺将其连皮带肉捣成泥状。

2. 将番茄泥、蜂蜜、苹果醋一同倒进面膜碗中，用搅拌棒充分搅拌均匀。

3. 取适量面膜轻轻地涂抹在脸上。10～15分钟后，或者面膜干至八成，用清水彻底洗净即可。

温暖小提示：

这种面膜非常适合油性肤质使用，清洁、控油、补水三效合一，每周可使用1～2次。不过，番茄中含有AHA酸，不要直接拿番茄在脸上反复摩擦，以免对肌肤造成不必要的伤害。

如何更美丽

如果觉得把番茄压成泥有些麻烦，又或者家里正好没有苹果醋，番茄蜂蜜面膜还可以用另外一种方法制成。将番茄放入榨汁机中榨成汁，直接在番茄汁中加入适量蜂蜜，如果觉得太稀，可加入一些面粉，调成稀薄适中的糊状，控油效果一样。

○ 黄瓜中药抗痤疮面膜

果膜材料：

小黄瓜1根，黄岑、黄柏和黄连各6克，生淀粉和蛋清适量，面膜碗1个，搅拌棒1支。

果膜细解：

1. 将小黄瓜打成泥状备用。
2. 将“三黄”煮成茶状液体，滤掉渣滓后，依次加入生淀粉、蛋清、小黄瓜泥搅拌均匀。
3. 将搅拌均匀的面膜涂抹于脸上，15分钟后用清水洗净。

温暖小提示：

制作此款面膜时，也可将黄岑、黄柏、黄连研磨成粉状，与小黄瓜泥搭配使用。

女人“膜”法：

● 黄瓜是一种天然美容圣品，其中所含的黄瓜酶是一种有很强生物活性的生物酶，不仅有补水的良效，还能减少皱纹的产生。此外，黄瓜还含有黄瓜油，对吸收紫外线也具有十分明显的效果。若觉得榨汁敷面比较麻烦，也可直接切片并贴于面部，能美白、消炎及淡化痘印。

● 黄岑、黄柏、黄连都属于味苦、性寒的中药，具有清热除湿、解毒疗疮之功效，若与黄瓜一起制成面膜敷在面部，能抑制粉刺生成，并起到镇静肌肤的作用。

猕猴桃控油面膜

果膜材料：

猕猴桃2个，面粉50克，水150毫升，面膜碗1个，搅拌棒1支。

果膜细解：

1. 将猕猴桃去皮后打成泥状，放入面膜碗中。
2. 在面膜碗中加入面粉和水，充分搅拌均匀。
3. 将搅拌均匀的面膜敷在脸上，15～20分钟后用清水洗净。

温馨小提示：

这款面膜适用于油性肤质，不仅能够消除油脂，还能美白淡斑。使用时应避开眼周和唇部，以免造成刺激，建议每周使用1～2次。

女人"膜"法：

● 猕猴桃素有"果中之王"的美誉，其所含的维生素C和维生素E不仅能润泽肌肤，而且具有很强的抗氧化作用，在有效增白皮肤、消除暗疮的同时，也能增强皮肤的抗衰老能力。猕猴桃中还含有特别多的果酸，果酸能够抑制角质细胞内聚力及黑色素沉淀，有效地去除或淡化黑斑，在改善油性肌肤组织上也有显著的功效。

○ 番茄燕麦面膜

果膜材料：

燕麦片20克，番茄适量，面膜碗1个，搅拌棒1支。

果膜细解：

1. 取适量的番茄放入榨汁机中，榨汁备用。

2. 取20克燕麦片用热水冲泡使之变软，然后放入面膜碗备用。

3. 将番茄汁和变软后的燕麦片充分搅拌均匀，然后涂抹于脸上，10~15分钟后用冷水洗净即可。

温馨小提示：

这款面膜最重要的功效就是可以改善油性肌肤粗糙的问题。燕麦在所有谷物类食物中的氨基酸含量最高。因此，燕麦的滋润效果也相当显著，它是锁住皮肤水分的重要媒介，能有效改善肌肤粗糙问题，使其光滑细腻。而燕麦中含有的水溶性纤维和非水溶性纤维具有很好的吸收性，因而可以达到有效的清洁作用。制作这款面膜时，最好选用无糖型纯天然燕麦，以避免使用效果不佳。

女人"膜"法：

● 番茄汁是一种优质的"收缩剂"，能改善皮肤粗糙的状况、平衡油脂分泌，让肌肤在任何时候都不油不腻，且有弹性，因而非常适合油性肌肤使用。此外，用化妆棉蘸取番茄汁擦脸，可以起到去油消炎、舒缓镇静的作用。

● 燕麦有去除角质、净化毛孔的功效，同时能达到一定的美白淡斑的效果，在美国、日本、韩国、加拿大、法国等国家被称为"家庭医生""植物黄金""天然美容师"。

○ 葡萄杏仁油面膜

果膜材料：

葡萄1串，杏仁油1大匙，搅拌棒和钢勺各1支，面膜碗1个。

果膜细解：

1. 将葡萄洗干净，去掉皮和核，用钢勺捣成果泥。

2. 把捣好的葡萄泥和杏仁油倒入面膜碗，用搅拌棒搅拌成稀薄适中的面膜糊状。

3. 取适量调好的面膜仔细地涂在脸上及颈部，10～15分钟后，用清水彻底清洗干净。

温暖小提示：

尽量挑选成熟、新鲜的紫色葡萄作为制作材料。这款面膜更加适合油性肤质，洁净控油效果很不错，每周可使用1～3次，尽管除油效果好，一周最多敷面也不要超过3次。在第一次敷用前，先在手臂局部皮肤做敏感测试，10分钟左右，没有红肿和过敏现象，就可以放心使用了。

女人"膜"法：

● 葡萄娇嫩多汁，含有的丰富营养成分能用来补充肌肤所需营养。其中的天然果酸能够调节面部水油平衡，抑制多余油脂分泌。

● 杏仁油是一种保养皮肤及滋润效果极佳的植物油，它有消炎、去痘的功效。

菠萝金银花面膜

果膜材料：

菠萝1/2个，通心粉和金银花各1/2匙，面膜碗1个，研磨棒1支。

果膜细解：

1. 将菠萝去皮，洗净，切成小块，放入榨汁机中榨汁备用。
2. 将通心粉、金银花放入面膜碗中，再用研磨棒研成细粉。
3. 将菠萝汁倒入研好的细粉中，搅拌均匀即可。

温馨小提示：

此款面膜不宜久存，可将剩余的面膜放入冰箱冷藏保存，但保质期只有1个星期。

女人“膜”法：

● 金银花性寒味甘，自古被誉为清热解毒的良药，不仅能促进面部皮肤血液循环，提供肌肤所需的营养成分，还能有效去除肌肤中的毒素。

● 菠萝含有丰富的维生素，与金银花一起配制成面膜，对于去除角质、抵抗痘痘有很好的效果。肤色暗沉的人还可以长期坚持用纱布浸菠萝汁来擦拭脸部，就能起到美白嫩肤的作用。

保湿祛斑面膜

○ 水蜜桃杏仁面膜

果膜材料：

水蜜桃1个，杏仁1/2大匙，蜂蜜2小匙，鸡蛋1个，面膜碗1个，搅拌棒1支。

果膜细解：

1. 将水蜜桃洗干净，去皮、去核，与杏仁一起放入搅拌机中，打成泥状。

2. 把鸡蛋在面膜碗中打散，倒入蜂蜜和水蜜桃杏仁泥，用搅拌棒充分搅拌，调成稀薄适中的糊状。

3. 将面膜均匀地涂抹在脸上，10～15分钟后，用清水彻底洗净。

温暖小提示：

制作时要尽量选择成熟汁多的水蜜桃，最好1次用完。水蜜桃适合各类肤质，用这款面膜每周敷脸1～2次，可起到美白祛斑的效果。

女人"膜"法：

把水蜜桃和杏仁、鸡蛋、蜂蜜调制在一起，它的最大优势在于能帮助清除堆积在毛细孔中的黑色素，有效淡化色斑。

水蜜桃含有丰富的B族维生素、维生素C、矿物质、蛋白质及大量的天然水分，能为肌肤提供日常所需的各种营养元素。

○ 芦荟珍珠粉面膜

果膜材料：

芦荟叶1片，珍珠粉0.3克，面粉2小匙，面膜碗1个，搅拌棒1支。

果膜细解：

1. 将芦荟叶洗干净，去皮切成小块，放入榨汁机中，榨取约2小匙芦荟汁。

2. 将芦荟汁、珍珠粉、面粉一起倒在面膜碗中，搅拌均匀。

3. 取适量面膜涂在脸部，稍干后再涂一层。静敷15～20分钟后，用清水洗净。

温暖小提示：

这款面膜有很好的消炎、淡斑效果，而且敷在脸上感觉很清爽，可于每周使用1～3次。珍珠粉尽量选择粉质细腻、优质上乘的。芦荟汁具有微酸性，有部分人对芦荟汁过敏，因此在使用前，应先在皮肤局部做个敏感测试。如果对芦荟汁过敏，可以换成茶树精油或者薰衣草纯露来制作面膜。

女人“膜”法：

● 芦荟含有丰富的天然维生素群和多种矿物质元素、氨基酸等，能让皮肤保持湿润、娇嫩，防止皱纹滋生、皮肤松弛。更为难得的是，芦荟能帮助消灭粉刺、雀斑、痤疮等。

● 把芦荟汁和素有美名的珍珠粉调制在一起，能软化并去除肌肤表面的老废角质，深层滋养肌肤，抑制黑色素生成，淡化色斑。

○ 葡萄蜂蜜面膜

果膜材料：

葡萄5～10粒，蜂蜜1小匙，面膜碗1个，搅拌棒1支。

果膜细解：

1. 将葡萄洗干净，连籽带皮放入榨汁机中，榨取约1小匙葡萄汁。

2. 将葡萄汁与蜂蜜一同倒进面膜碗中，用搅拌棒搅拌均匀。

3. 取面膜均匀敷在脸上，15～20分钟后，或者待面膜干至八成，用清水洗净。

温暖小提示：

制作这款果膜时，葡萄要记得连籽带皮来榨汁，这是因为葡萄籽中含有一种叫葡多酚的物质，能有效抵抗皮肤衰老和皱纹产生。另外，多用一些葡萄搅拌成葡萄汁后，直接往里浸泡面膜纸敷面，也是很不错的美肤体验。葡萄性质温和，适合各类肌肤使用。

女人“膜”法：

- 葡萄中含有维生素C和维生素E，能够对抗自由基，并减少外界环境对皮肤的影响。其他的维生素A、B族维生素和蛋白质、氨基酸、脂肪及多种矿物质让葡萄的补水特点更闪亮。
- 葡萄搭配能美白养颜的蜂蜜，可为肌肤提供充足的水分和养分，改善肌肤干燥缺水的状况，让肌肤更水嫩。

○ 猕猴桃柠檬面膜

果膜材料：

猕猴桃1个，柠檬1/2个，白醋少许，纯净水适量，面膜纸1张，面膜碗1个。

果膜细解：

1. 将猕猴桃、柠檬清洗干净，去皮，切成块，一同放入榨汁机中，榨取汁液。

2. 把榨好的猕猴桃柠檬汁连同白醋、纯净水一起倒在面膜碗中，调匀后放在冰箱中冷藏保存。

3. 需要敷面时，取适量调制好的面膜液浸满面膜纸，然后仔细贴敷在脸上。10～15分钟后，由上往下轻轻揭下面膜，用清水洗净即可。

温暖小提示：

这款面膜在用之前，要在手腕处先进行敏感测试。

女人"膜"法：

猕猴桃含有的维生素C和果酸是非常丰富的，可以有效地抑制黑色素沉淀，从而达到淡斑及祛斑效果。

柠檬含有高达4%的有机酸，它与肌肤表面的碱性物中和后，也能出色地防止和清除肌肤中的黑色素沉淀，内含的柠檬酸对淡斑也有贡献。

○ 鲜荔枝百合面膜

果膜材料：

鲜荔枝10颗，百合花1朵，纯净水适量，面膜碗1个。

果膜细解：

1. 剥去荔枝的外皮，去除内核，取出白皙果肉；百合花洗干净，放在纯净水中煮沸。

2. 将荔枝果肉和烫熟的百合花一同置入搅拌机中搅拌均匀。然后倒在面膜碗中，放入冰箱冷藏保存。

3. 待用时，取适量的面膜敷在脸上，约15～20分钟后，用清水彻底洗净脸部。

温暖小提示：

制作时，最好选择成熟、新鲜、饱满的荔枝作为材料。新鲜荔枝每年5月上市，7、8月是最好的食用季节。因此，夏天可多做一些荔枝面膜。虽然这款面膜适合所有肌肤，保湿效果佳，但为了避免肌肤产生不适感，应先在手腕局部做敏感测试。

女人"膜"法：

● 把鲜荔枝做成面膜最大的益处是可促进皮肤微细血管的血液循环，防止雀斑产生，让皮肤更加光滑。

● 荔枝与具有镇静安神功效的百合花搭配制成面膜，既有水果的香甜，又有花香缭绕，还能给肌肤加倍的活力。

女人"膜"法：

● 木瓜素有"百益果王"之称，美容价值备受瞩目。木瓜中所含的丰富木瓜酶和木瓜酵素能促进皮肤新陈代谢，帮助皮肤尽快排除体内毒素。

蜂蜜天生就是很好的保湿佳品，与木瓜汁组合在一起，能让肌肤呈现清新水漾的湿润外观。

○ 木瓜蜂蜜面膜

果膜材料：

木瓜1个，鸡蛋1个，蜂蜜1小匙，面膜碗1个，搅拌棒1支。

果膜细解：

1. 将木瓜去皮和籽，切成小块，放入果汁机，榨取木瓜汁。

2. 滤取鸡蛋清放到面膜碗中，用搅拌棒搅至起泡。

3. 往面膜碗中依次倒入榨好的木瓜汁和蜂蜜，充分搅拌，调和成易于敷面的糊状。

4. 取调好的面膜涂抹在脸上，15～20分钟后，或面膜干至八成时，用清水洗干净。

温馨小提示：

这款面膜润泽效果很不错，每周可敷面2～3次，敷之前先做一个敏感测试，以免引起不必要的皮肤不适感。

如何更美丽

成熟的木瓜果肉很软，不易保存，因此买回后要立即做成面膜。若是没有时间立即做，不妨选购一些能安放几天的尚未熟透的木瓜。

女人“膜”法：

● 苹果中的黄酮素和单宁酸能协助肌肤抗氧化，帮助清除脸部肌肤蕴藏的黑色素和毒素。解决了毒素，去除色斑就能收到事半功倍的成效。

● 苹果中含有的维生素C、矿物质、糖及苹果酸等成分能为肌肤输入源源不断的水分。

● 苹果与同样具有优秀护肤效果的美肤圣品番茄搭配，能做到保湿和淡斑两不误。

○ 苹果番茄面膜

果膜材料：

苹果1个，番茄1个，面粉2小匙，面膜碗1个，搅拌棒1支。

果膜细解：

1. **将苹果洗净削皮，番茄洗净去蒂，都切成小块，一同放入搅拌机，打成泥状。**

2. **把苹果和番茄的混合果泥盛在面膜碗中，加入面粉，搅拌均匀。若是觉得太干，可以适当加些纯净水。**

3. **取适量面膜均匀涂抹在脸部，静敷10～15分钟后，用清水彻底清洗干净。**

温暖小提示：

苹果和番茄都属大众水果系列，因此适用于各类肤质的肌肤。每周使用1～2次，对延缓皮肤衰老、淡化细纹、排毒养颜都有诸多裨益。

如何更美丽

苹果可谓是美肤的全能高手，无论清洁、保湿、祛斑、美白，样样都很出色。殊不知，在美颜祛斑方面，苹果皮也有和苹果一样的高超本领。备好苹果1个、鸡蛋1个及橄榄油1大匙。削取苹果皮，然后捣烂，也可以请搅拌机来帮忙捣成泥状。最后将所有材料混合敷面，也能淡化色斑。

○ 香蕉橄榄油珍珠粉面膜

果膜材料：

香蕉1根，橄榄油1小匙，珍珠粉0.3克，面膜碗1个，汤匙和搅拌棒各1支。

果膜细解：

1. 香蕉去皮，放入面膜碗中，用汤匙压成泥状。
2. 将橄榄油和珍珠粉一起倒在面膜碗中，搅拌均匀。
3. 取适量面膜涂在脸部，稍干后再涂一层。静敷15～20分钟后，用清水洗净。

温暖小提示：

干性肌肤的女性非常适合用这款面膜来补水。香蕉剥皮后容易因氧化而造成养分流失，所以制作面膜的时间不宜太久。此外，选购珍珠粉时，以粉质细腻的为佳。

女人"膜"法：

● 香蕉含有丰富的天然维生素群和多种矿物质元素、氨基酸等，能让皮肤保持湿润、娇嫩的状态，防止皱纹滋生、皮肤松弛。橄榄油则有美白祛斑、补水保湿的双重功效。

● 把香蕉、橄榄油和素有美名的珍珠粉调制在一起，能软化并去除肌肤表面的老废角质，抑制黑色素生成，淡化色斑。

美白补水面膜

○ 西瓜泥蜂蜜面膜

果膜材料：

西瓜1/2个，蜂蜜1勺，面膜碗1个，小钢勺1支，面膜纸1张。

果膜细解：

1. 将西瓜切开，去籽后用钢勺挖出果肉和内层白色西瓜皮，分量随个人喜好而定。

2. 将西瓜肉和皮放入果汁机中打成泥状。注意不要加水，以免汁液太稀不方便做面膜。

3. 往西瓜泥中加入1勺蜂蜜并搅均匀。

4. 将西瓜泥均匀地涂在脸上，并覆盖上面膜纸，约15分钟后用清水洗净即可。

温暖小提示：

这种自制的面膜温和无刺激，可经常使用。将其放在冰箱中冷藏，对于盛夏时美白肌肤和修复晒后肌肤均有很好的效果。

女人"膜"法：

● 西瓜中富含可使肌肤保持健康和润泽的众多养分，如维生素A和维生素C，将西瓜肉和西瓜皮合理利用，做成面膜敷在脸上，会有相当明显的美白补水功效。

● 西瓜果肉水分高，能持久保持凉意，西瓜皮又具有清火排毒的功效，再加上能为肌肤细胞提供养分的蜂蜜，三者搭配制成的面膜能很快唤醒肌肤活力，美白效果更是一流。

○ 香蕉牛奶面膜

果膜材料：

香蕉1根，牛奶100毫升，面粉适量，面膜碗1个，搅拌棒1支。

果膜细解：

1. 将香蕉去皮，切成小块，并捣成果泥状。
2. 把香蕉泥、牛奶、面粉一同倒在面膜碗中。
3. 用搅拌棒充分搅拌，调和成稀薄适中的糊状。
4. 将调好的面膜均匀地涂抹在脸上，静敷15～20分钟，或者待面膜干至八成时，用清水彻底洗净。

温暖小提示：

制作这款果膜时，要选择成熟且优质的香蕉。这款面膜保湿效果奇佳，适合各种肤质，尤其受干性肌肤者青睐。香蕉具黏稠性，很方便拿来敷脸，一周1次，长期坚持，除了皮肤变滋润，肤色也会更白皙均匀。

女人“膜”法：

● 香蕉与牛奶调和后，能使香蕉里面的油分和维生素成分渗入皮肤里层，这样就能收到不错的美白保湿效果。

● 香蕉果肉含有果酸，能为肌肤提供足够的滋养成分。

○ 樱桃酸奶面膜

果膜材料：

鲜樱桃4～6粒，酸奶1勺，面粉1勺，面膜碗1个，搅拌棒1支。

果膜细解：

1. 用清水将樱桃洗干净，去核留皮，放入榨汁机中榨取汁液。
2. 将汁液盛在面膜碗中，依次加入酸奶和面粉，用搅拌棒搅拌均匀，调成稀薄适中的糊状。
3. 将面膜均匀地涂抹在脸上，15～20分钟后，用温水洗净。

温暖小提示：

这种面膜适合任何肤质，每周2～3次，不仅有很好的美白滋养效果，还能去除脸上的黄斑和皱纹。制作面膜时，若加入1滴精油，效果更佳。如果平时很忙，也可以将樱桃汁涂擦在面部和皱纹处，也能美白加去皱一举两得。

女人"膜"法：

● 红得娇艳欲滴的樱桃，全身都是宝，其含铁量居水果之首，铁是人体血红蛋白的原料。此外，还有丰富的维生素A、维生素C及B族维生素，这些都是使肌肤亮白、滋润的必需养分。

● 酸奶中乳酸的最大作用是促进细胞新陈代谢，把樱桃和酸奶组合在一起，美白滋养效果会持续升级。

○ 龙眼苹果香蕉面膜

果膜材料：

龙眼5个，苹果1个，柠檬1个，香蕉1根，鸡蛋1个，面膜碗1个，搅拌棒1支。

果膜细解：

1. 去除龙眼的皮和核；柠檬洗净去皮切两半；香蕉去皮切断；苹果去皮和核，并切块。然后将上述材料一起置入榨汁机中，榨取果汁。

2. 鸡蛋磕开，滤取鸡蛋清，与榨好的混合果汁一同倒在面膜碗中，搅拌均匀。

3. 取适量面膜仔细涂抹在脸部及颈部，静敷15~20分钟，用清水彻底洗净。

温馨小提示：

这款面膜水果种类比较多，因此尽量选择新鲜的作为制作材料。它的美白保湿效果俱佳，又适宜各类肤质，可以每周敷面1~3次。

女人"膜"法：

龙眼娇珍可爱、果肉白皙、味甜如蜜。把龙眼和苹果、香蕉、柠檬混搭在一起，可不是随性的，尽管它们有各自的美肤特色，但混合在一起后，会凸显出一个共同的特质：美白。

● 除了美白，肌肤还能获得更深层的滋养和水分补给，从而焕发出白皙柔嫩的光彩。

○ 菠萝海藻面膜

女人"膜"法：

● 菠萝含有丰富的维生素C和果酸，用菠萝汁敷脸，肌肤会越敷越白。

● 海藻粉富含一千多种海洋的微量元素，是出镜率很高的面膜粉。海藻和菠萝搭配，能立刻补充肌肤细胞所需的营养和水分，改善肤色暗沉粗糙的状况。

果膜材料：

菠萝2片，海藻粉1大匙，甘油1小匙，矿泉水适量，面膜碗1个。

果膜细解：

1. 将去皮洗净的2片菠萝放入榨汁机中，榨取菠萝汁。

2. 将海藻粉倒在面膜碗中，加入矿泉水，搅拌后，再放入菠萝汁和甘油，继续搅拌均匀。

3. 取适量面膜轻轻涂抹在脸上。10～15分钟后，用清水洗净。

温暖小提示：

这款面膜用完后，会有一种爽快轻松感，这是它的最大特色。肤色暗沉的人，长期坚持用它敷面，会收到很不错的美白嫩肤效果。此外，老化、干燥、粗糙的皮肤若急需补水，也可把海藻粉列在首位。每周做2次，效果非常明显。

○ 香瓜橄榄油面膜

果膜材料：

香瓜1个，橄榄油1小匙，鸡蛋1个，面膜碗1个，搅拌棒1支。

果膜细解：

1. 将香瓜洗干净，去掉皮和籽，切成小块，放入榨汁机中打成香瓜泥。
2. 鸡蛋磕开，滤取蛋黄到面膜碗中，打散成泡沫状。
3. 往面膜碗中倒入香瓜泥和橄榄油，用搅拌棒充分搅拌，调和成稀薄适中的糊状。
4. 取调好的面膜均匀涂抹在脸上，15～20分钟后，用清水洗干净。

温暖小提示：

这种面膜比较适用于中性肌肤，提亮肤色和美白滋养效果很不错。为了避免肌肤不适感，在敷面前应先做敏感测试。

女人"膜"法：

香瓜含有丰富的葡萄糖、苹果酸、柠檬酸、维生素C及氨基酸等成分，这些成分都是肌肤获得新生和活力的必需营养元素。

橄榄油有"黄金美容液"之称，其较强的黏性能防止皮肤表面水分蒸发。

香瓜和橄榄油搭配蛋黄液，能提高肌肤细胞水润度，让肌肤更水嫩白皙。

○ 黄瓜猕猴桃面膜

果膜材料：

猕猴桃1个，小黄瓜1根，面膜碗1个，搅拌棒和钢勺各1支。

果膜细解：

1. 将猕猴桃洗净，去皮，用钢勺压成泥状。
2. 小黄瓜洗干净后，去掉表面的青皮，切成小块，放入榨汁机中榨取黄瓜汁。
3. 把猕猴桃泥和黄瓜汁一同倒在面膜碗中，用搅拌棒搅拌均匀。
4. 取调好的面膜涂抹在脸部及颈部，静敷15～20分钟后，用清水彻底洗干净即可。

温暖小提示：

这种面膜适合各种肤质，每周可坚持敷面2～3次，能收到补水保湿和美白滋养的双重功效。对渴水肌肤而言，无异于是最优质的补给。

女人"膜"法：

● 猕猴桃多汁，能为肌肤提供充足的水分，同时还能有效去除皮肤暗斑，让皮肤变得光滑白皙。

● 黄瓜天生就是用来制作面膜的好材料，它自身含有丰富的水分，也能帮助肌肤充分吸收水分；富含的维生素C也极易被脸部吸收，美白效果因而十分显著。

○ 苹果红酒面膜

果膜材料：

苹果1/2个，红酒20毫升，面膜纸1张。

果膜细解：

1. 将苹果洗净，去皮、去核，再榨成汁。
2. 将榨好的苹果汁与红酒混合。
3. 将面膜纸浸在其中，充分吸收混合液。取出面膜纸敷在脸上，10分钟后取下面膜纸，并用清水洗净面部。

温暖小提示：

这款面膜的有效成分能够起到很好的美白效果。由于不是所有人都适合用红酒护肤，因此在用这款面膜敷面之前最好先做过敏测试。具体做法是：蘸取少量调配好的苹果红酒面膜，涂抹于手腕或颈部，如超过24小时没有出现红肿痛痒的症状，就可以安心使用了。

女人"膜"法：

● 红酒中提炼的SOD成分活性特别高，这种成分能够中和身体所产生的自由基，促进角质的新陈代谢、淡化色素，让皮肤更白皙、光滑。此外，红酒中的红酒多酚成分可预防紫外线的伤害。

● 苹果中含有大量维生素C，常吃苹果，有助于消除雀斑、黑斑，使皮肤细嫩红润。除此之外，苹果性质温和，可作为天然面膜，进行切片敷面。

○ 柠檬绿茶面膜

果膜材料：

柠檬1/2个，绿茶1小匙，面粉1又1/2大汤匙，面膜碗1个，面膜纸1张。

果膜细解：

1. 柠檬去皮，放入榨汁机中榨汁备用。
2. 并取绿茶茶包，泡好后留茶水备用。
3. 将面粉放入面膜碗，并在其中加入柠檬汁和绿茶水，然后混合均匀。
4. 用制好的面膜敷整个面部，再铺上一层微湿的面膜纸，约5～10分钟后，用冷水或温水洗净面部即可。

温暖小提示：

柠檬含有较多的柠檬酸，这种酸能中和碱性，防止色素沉着。敷面前，需彻底清洗脸上的污垢，以促进营养素的吸收。敷面后，肌肤会很敏感，请勿立即上妆，即使需立即上妆，也要先薄薄地涂上一点化妆水或乳液。

女人"膜"法：

● 柠檬中含有大量的维生素A，能使皮肤吸收，从而显得润泽。此外，柠檬具有美白淡斑的作用，较适用于油性皮肤。如果皮肤属敏感性或干性就不宜多用。

● 绿茶中富含维生素C，使用富含维生素C的绿茶自制面膜，对肌肤有很好的美白效果，且绿茶不含酸性，不会刺激皮肤。绿茶所含的抗氧化剂也有助于抵抗老化，清除过剩自由基；而绿茶所含的单宁酸可收缩肌肤毛孔，有助于养颜润肤。此外，绿茶还具有杀菌的效果，对粉刺化脓也有特效。

○ 番茄柠檬面膜

果膜材料：

番茄1/2个，柠檬1/2个，面粉3克，纯净水适量，面膜碗1个。

果膜细解：

1. 将番茄洗净，切成小块，加入适量纯净水，用榨汁机打成泥。
2. 将柠檬切成薄片榨取汁液，将柠檬汁、番茄泥和面粉一同倒在面膜碗中搅拌均匀。
3. 取适量面膜涂在脸部，避开眼、唇部，约20分钟后用温水洗净。

温暖小提示：

这款面膜非常适合油性肌肤的人使用，不仅能很好地去油，还能使肌肤达到水油平衡的最佳状态。若坚持使用，你会发现黑头和粉刺也会少很多。

女人“膜”法：

番茄和柠檬都是含有丰富维生素的美容圣品，所含的丰富果酸、纤维素等具有极佳的清洁净化功效，此外还有美白补水以及平衡油脂等多重功效。

○ 蜜橘泥蜂蜜面膜

果膜材料：

蜜橘1个，蜂蜜1小勺，钢勺1支，面膜碗1个。

果膜细解：

1. 将蜜橘清洗干净，连肉带皮一起放入搅拌机打成泥状。
2. 将蜜橘泥和蜂蜜一起倒入面膜碗中，搅拌均匀。
3. 取适量面膜涂在脸上，约15分钟后用清水洗净即可。

温暖小提示：

常听说黄瓜面膜能补水，其实蜜橘面膜也有很强的补水、锁水能力，如果你的肌肤特别干燥，在使用这款面膜时可以多敷5～10分钟，但是尽量不要超过30分钟。

女人"膜"法：

● 蜜橘皮中含有天然的橘子精油，具有很好的去油脂和净化肌肤的功效，能在瞬间让肌肤白皙亮丽。

● 蜂蜜不仅富含氨基酸等营养物质，还具有很好的保湿功效。

晒后修复面膜

○ 木瓜芦荟面膜

果膜材料：

木瓜1个，芦荟叶1片，牛奶3大匙，蜂蜜1大匙，面膜碗1个，钢勺和搅拌棒各1支。

果膜细解：

1. 木瓜去皮，切成小块，用钢勺捣成泥状；芦荟叶去皮及刺，切成小块，放入搅拌机中，打成泥状。

2. 将木瓜泥、芦荟泥、蜂蜜和牛奶一同倒进面膜碗中，用搅拌棒搅拌均匀。

3. 取适量面膜涂在脸上，静敷10～15分钟，或者待面膜干至八成时，用清水彻底洗净，再进行日常保养。

温暖小提示：

这款晒后修复面膜适合各类型肌肤，除了明显的修复效果，还能起到抗敏镇静、滋养保湿的作用，并具有极佳的美白及提亮肤色的额外功效。每周可敷面1～2次。

女人"膜"法：

● 木瓜除了在清洁排毒方面表现突出外，对晒后皮肤也有很好的修复作用。因为木瓜里面蕴含的番木瓜碱和木瓜蛋白酶，有消炎镇静的功效。

● 芦荟中的芦荟多糖和维生素对皮肤能起到营养、滋润和增白作用。此外，特有的芦荟酊成分能杀灭多种病菌。木瓜和芦荟搭配在一起，能很好地净化、修复皮肤，所以非常值得一试。

○ 小黄瓜蛋清面膜

果膜材料：

小黄瓜2根，鸡蛋1个，面粉少许，面膜碗1个，搅拌棒1支。

果膜细解：

1. 将小黄瓜洗干净，去蒂切成薄片，放入榨汁机中，打成泥状。

2. 鸡蛋磕开，滤取鸡蛋清，与小黄瓜泥、面粉一同倒进面膜碗中，用搅拌棒充分搅拌，调成稀薄适中的面膜糊状。

3. 取适量面膜仔细涂抹在脸部，静敷15～20分钟，然后用清水彻底洗净。

温暖小提示：

挑选小黄瓜时，应尽量挑选鲜嫩的，这样汁多，能充分补足肌肤所缺水分。这款面膜适合各种肤质，每周可使用2～3次。

女人"膜"法：

● 小黄瓜含有的丰富维生素C、天然水分和矿物质等成分，能深层滋养肌肤，补充肌肤受损后细胞所需要的营养元素和水分，及时修复受损肌肤组织。

● 蛋清含有肌肤必需的蛋白质成分，非常适合晒后肌肤使用。而小黄瓜和蛋清、面粉调和在一起，能供给足够的水分，让肌肤变得水嫩白皙。

○ 西瓜牛奶面膜

果膜材料：

小西瓜1个，牛奶50毫升，面粉适量，面膜碗1个，搅拌棒1支。

果膜细解：

1. **西瓜去皮、去籽，放入榨汁机中，榨取西瓜汁。**
2. **把牛奶、面粉和榨好的西瓜汁倒在面膜碗中，搅拌均匀。**
3. **取适量面膜均匀涂在脸上，10～15分钟后，用清水洗干净即可。**

温暖小提示：

为了起到很好的修复效果，制作面膜时选择什么样的牛奶要根据肤质来定。干性肌肤适宜选用全脂牛奶，油性肌肤则宜选脱脂牛奶。虽然这款面膜适合各类肌肤，但为了避免肌肤出现不适感，最好先做一个皮肤敏感测试。

女人"膜"法：

● 夏天吃西瓜是非常好的消暑方式，对待晒后亟待修复的肌肤，西瓜也有自己的秘诀。它丰富的维生素C和维生素E、氨基酸和矿物质，能给肌肤提供源源不断的营养。

● 牛奶含有优质蛋白，和西瓜汁混合，不仅能改善肌肤晒后受损的不适症状，还能提亮肤色，重现肌肤水嫩状态。

○ 草莓镇静面膜

果膜材料：

新鲜草莓5颗，钢勺1支，面膜碗1个。

果膜细解：

1. 将草莓洗干净，去蒂切碎，放在面膜碗中，用钢勺捣成果浆状。

2. 把草莓果浆置于冰箱中冷藏15分钟，待用。

3. 用大量冷水洗脸，让面部肌肤降温。然后取适量草莓面膜涂抹在脸上，静敷15～20分钟后，用清水彻底洗净。

温馨小提示：

草莓镇静面膜适合各类肌肤，每周可敷面2～3次。调制好的草莓面膜一定别忘了放进冰箱冷藏。冰镇后，对皮肤的晒后修复效果特别明显。挑选草莓时要尽量挑选那些色泽鲜亮且手感较硬的。太大的草莓不要买，过于水灵或长得奇形怪状的畸形草莓也不要买。

女人"膜"法：

- 草莓富含氨基酸、果糖、柠檬酸、果胶、胡萝卜素、维生素B_1、维生素B_2及钙、镁、磷等多种矿物质营养元素，而这些都是肌肤再生所需的养分。
- 这款面膜中的营养成分不仅能改善肌肤的缺水状况，还能起到非常好的镇静效果。

○ 苹果红薯面膜

女人"膜"法：

苹果中富含的维生素C能抑制皮肤中黑色素的沉着，果酸能使毛孔更加通畅，有消炎祛痘的作用。此外，苹果中含有的大量抗氧化物，能够对抗自由基对细胞的伤害，对于晒后肌肤，苹果是非常理想的修复产品。

红薯中含有丰富的糖、蛋白质、纤维素和多种维生素营养，是备受青睐的美容佳品。它能促进肌肤新陈代谢，提亮肤色。若长期使用，还可以美白祛斑。

果膜材料：

苹果1个，红薯1个，玫瑰精油2滴，蜂蜜3小匙，面膜碗1个，搅拌棒1支。

果膜细解：

1. 将苹果和红薯分别洗干净，去皮切成小块，一起放入搅拌机中，打成泥状。

2. 把苹果红薯泥和蜂蜜、玫瑰精油一同倒进面膜碗中，用搅拌棒充分搅拌均匀，调成稀薄适中的面膜糊状。

3. 取适量面膜敷在脸上，10～15分钟后，用清水洗净。

温暖小提示：

这款面膜适合各类肌肤，尤其适用于敏感性肌肤的晒后修复。每星期可使用1～2次。

○ 黄瓜绿豆粉舒缓面膜

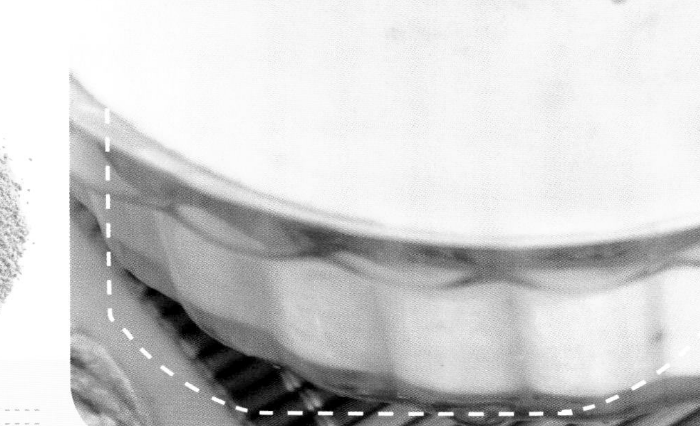

果膜材料：

黄瓜1根，绿豆粉15克，面膜碗1个，搅拌棒1支。

果膜细解：

1. 将黄瓜去皮、切段，并打成泥状，放入面膜碗中。

2. 在面膜碗中加入绿豆粉，与黄瓜泥搅拌充分后，直接涂抹于面部，10分钟后用清水洗净即可。

温暖小提示：

黄瓜具有极佳的补水功能，而绿豆具有消炎镇静之功效，二者搭配使用，可以使油性肌肤的出油状况得到很好的控制。此外，绿豆粉不仅可以当作磨砂膏去掉老化的角质，还可以加上黄柏、黄连、黄芩和冰片粉末，然后加水调匀后敷在脸上，20分钟后用清水洗净，对治疗因青春痘红肿、化脓的皮肤患处很有效果。

女人"膜"法：

● 黄瓜中含有丰富的黄瓜酶，能促进机体新陈代谢，起到润肤的美容效果。常用黄瓜汁搓洗面部，可有效地补充水分，减少皱纹的产生。如果因日晒引起皮肤发黑、粗糙，直接用黄瓜片敷脸，则有良好的改善效果。

● 绿豆具有清热解毒、消炎祛痘之功效，特别是对于晒后出油肌肤能起到很好的镇静作用。

○ 黄桃马铃薯晒后修复面膜

果膜材料：

马铃薯1个，黄桃1个，面膜碗1个，搅拌棒1支。

果膜细解：

1. 将新鲜的黄桃和新鲜的马铃薯去皮并切成块状，放入搅拌机内，一起打成泥状。

2. 将打成泥状的面膜直接敷于面部，15分钟后洗净即可。

温暖小提示：

此款面膜特别适合用来修复夏日晒伤肌肤，因为对于晒后的敏感肌肤来说，马铃薯汁不仅可以清除面部晒斑，而且安全无副作用。直接用棉花棒蘸取新鲜马铃薯糊涂抹于患处，对于已经成熟的痤疮也有较好的疗效。

女人"膜"法：

黄桃含有丰富的维生素C和大量人体所需要的纤维素、胡萝卜素、番茄黄素、茄红素及多种微量元素，如硒、锌等含量均明显高于其他普通桃子。所以，黄桃不仅能润泽肌肤，还具有祛除色斑、延缓衰老等作用。

马铃薯含有充足的维生素A和B族维生素，能够保持皮肤光泽，减轻面部浮肿，抑制皮下黑色素生长，减退夏日晒斑，对晒后皮肤的敏感现象也能起到很好的修复作用。

○ 黄瓜芦荟芹菜面膜

果膜材料：

芦荟叶1片，黄瓜1根，芹菜1根，面膜碗1个，搅拌棒1支。

果膜细解：

1. 将芦荟叶切开，取出其中的芦荟胶备用。
2. 将黄瓜洗净切段；将芹菜洗净去叶并切段；将两种材料放入榨汁机中榨成泥状，然后加芦荟胶搅拌均匀。
3. 将搅拌好的面膜直接敷于面部静置20分钟，用清水洗净即可。

温馨小提示：

这款适用于各类肤质的面膜具有清凉镇静、保湿抗敏、消除脸部红肿不适的功效，可以经常使用，但使用前需做皮肤敏感测试。由于芹菜中含有吸光剂，所以使用这款面膜后，不宜在阳光下暴晒。

女人"膜"法：

● 芦荟多糖能够调节机体的细胞免疫力和体液免疫力，可激活皮肤基底层的朗罕细胞（Langer hans' cells），增强其在皮肤局部的免疫功能和修复功能，促使其清除皮肤色素、减缓氧化性损害（包括紫外线）、抗衰老及增加皮肤弹性等。

● 芹菜有很好的润肤效果，经常使用，能有效去除面部皱纹。

○ 火龙果芦荟面膜

女人"膜"法：

火龙果中的花青素含量较高。花青素是一种效用明显的抗氧化剂，它具有抗自由基、抗衰老的作用。所以，用火龙果制成面膜敷面，可促进肌肤血液循环，防止肌肤老化。

芦荟中的芦荟酊成分具有很好的抗菌作用，而芦荟中所含有的芦荟凝胶成分可以消除炎症，能够使因暴晒或者上火长出的痤疮、脓包等迅速镇定萎缩。

果膜材料：

火龙果1个，芦荟叶1片，面粉适量，面膜碗1个，搅拌棒1支。

果膜细解：

1. 将芦荟叶洗净切开，取出其中的芦荟胶放入面膜碗中备用。

2. 将火龙果去皮切块，随后放入榨汁机中榨成泥状，倒入面膜碗中。

3. 向面膜碗中加入适量的面粉，使其充分搅拌均匀，达到一定的浓稠度。

4. 将做好的火龙果芦荟面膜均匀地涂抹于面部，静置15分钟，用清水洗净即可。

温暖小提示：

这款面膜适用于混合性及油性肌肤，芦荟多糖和维生素对人体皮肤有良好的滋润、增白作用，尤其是对晒后皮肤有着很好的镇静和舒缓作用。因此，芦荟美容霜、芦荟护肤霜等芦荟化妆品占据了大部分的欧洲化妆品市场。此款面膜也可以搭配珍珠粉和燕麦粉来使用，在用温水清洁面部后，先用热毛巾敷脸片刻，促进血液循环后，接着取适量的面膜均匀地涂抹在脸部，就能达到更好的效果。

四 果饭篇：
百变口味轻松享“瘦”

美丽果饭法则

一日水果瘦身餐巧安排

巧吃、会吃水果餐，对瘦身大有裨益，如果把水果当成正餐吃，长期只吃水果而不补充其他肉类、五谷类食物，身体营养均衡达不到，极易导致贫血。一日三餐，要是能把水果瘦身餐和其他食物妙搭巧配，就能让健康、瘦身两不误。

早餐可以选择扎实易饱的水果粥

由于一夜未吃东西，人体血糖降低，如果省略早餐，会影响到一整天的精神和情绪。吃高热量、高油脂的早餐，很容易发胖，水果粥就不一样了。水果粥里既有水果的香甜营养，也有谷物的低热量，会让人神清气爽一上午。水果粥有很多种选择，如百合哈密瓜粥、西米樱桃粥、草莓粥等等。

午餐水果拌饭保营养

午餐没有必要吃得像早餐那么饱，可以选择水果饭，如菠萝什锦饭、奶香水果饭等。也可以大米为主食，搭配新鲜爽口的水果菜。水果菜与肉类、鱼类、蔬菜、海鲜搭配，这样能满足身体对其他营养元素的需求，保证营养均衡。

如果想让瘦身效果加倍，不妨在饭前喝一杯鲜榨的果汁，如苹果汁、葡萄汁等，但是要注意的是，不要选择那些不适合空腹饮用的果汁。这样就能降低食欲并产生饱腹感，还可以帮助身体有效地排出毒素。

晚餐水果沙拉只能七分饱

晚餐通常都是上班族的三餐之冠，这样很容易因为吃得多又运动得少而使热量和脂肪大量堆积，长此以往很容易变胖，这可是瘦身的大忌。所以，晚餐应以低热量并且食七分饱为主。

蔬菜水果沙拉由于低脂又美味，已成为不少女性晚餐的首选。蔬菜是高纤维的低热量食品，能在增加饱腹感的同时减少热量的过分摄入。但是在选择沙拉酱时要避免使用千岛酱，因为千岛酱的高热量会把蔬果沙拉的低热量抵消，若改用由橄榄油和黑醋调成的油醋汁，就能很好地解决这个问题。当然，也可以选择能消肿的水果汤，如胡萝卜荸荠汤、木瓜绿豆汤等。

还有很多女性忙于加班，经常会在晚餐时间随便应付，待结束后已是华灯初上，有些人便会在这时去吃夜宵。殊不知，此刻进食，不仅和瘦身背道而驰，还会加重肾脏、肠胃的负担，所以晚上睡觉前一定要禁嘴。

给水果“添油加醋”的黄金法则

水果富含人体所需的多种营养素，包括果胶、维生素、矿物质、微量元素、碳水化合物和少量的蛋白质等等。把水果做成菜吃，不仅能调理肠胃，让肌肤变得滋润光滑且有弹性，有的还能促进人体新陈代谢、排毒瘦身。每天合理地食用不同的水果，好处多多。尽管水果饭菜益处良多，但在决定烹煮之前，一定要清楚地了解怎样正确地选择水果并科学地给水果“添油加醋”。

水果食用要均衡

俗话说，物以类聚，人以群分。水果品种尽管看似繁多，但如按脾气秉性分类，有很多水果就比较相近了。因此，把水果做成饭菜，在搭配和食用的时候一定要注意均衡，偏食一种或者食用过量，不仅不利于瘦身，还会影响健康。水果有五味：酸、甘、咸、苦、辛。酸味水果如杨梅、柠檬，食用过量会损伤筋骨；龙眼、荔枝、榴莲属甘味水果，吃过量容易发胖。因此，各类水果要配搭着来吃，营养才会均衡，也宜于美颜瘦身。

水果菜肴清新配

与水果配搭的食材主要是肉类、海鲜和蔬菜。在与这些材料烹调的过程中，要注意口感、色泽和风味的协调。像肉类，质地实在，通常要用一点糖和酱油来调味，这时放入酸甜爽口的菠萝就很适宜。鱼类一般要软嫩些，就可配猕猴桃或芒果。而蔬菜类，如黄瓜、莴笋，颜色翠绿，味道清香，可以考虑搭配浓香的木瓜。

完美绕开配搭禁忌

世间万物组合都有自己的规律可循，食物配搭也是如此。水果和蔬菜、肉类搭配可以做成花样繁多的美味食谱，但有一些禁忌是需要谨记的。例如，荔枝和枣就不适合与动物肝脏、胡萝卜和黄瓜同食；枣不宜与海鲜和葱同烹；菠萝不要与鸡蛋、萝卜同吃；葡萄和海鲜、鱼类尽量不同食；梨和鹅肉、螃蟹不混在一起吃；芒果和大蒜分开；番茄和黄瓜、胡萝卜也要分开吃等等。

烹煮有方，健康甩肉又美味

适宜用来烹煮菜肴的水果种类繁多，在烹饪过程中，要依据水果本身的特质和个性来发挥，并注意火候和调味料的选用，尽量保持住水果的原汁原味。只有烹煮有方，水果菜肴才会不流失营养，吃进去，消脂瘦身又健康美味。

水果做菜盐少放

烹调水果菜时，不要随意将水果过油，也不要放太多盐。虽说加入少量的盐能够让水果和蔬菜或肉的味道更加融合，但因为水果本身有自己独特的或酸或甜的味道，若是盐放太多，不仅不美味，反而还会破坏水果的清淡、自然的本色。

水果快炒炖煮时间不宜长

有些水果适合与蔬菜、肉类快炒，这个时候不要磨蹭，尽量用大火快速炒成。像荸荠炒黑木耳，荸荠本身多汁脆爽，待黑木耳炒熟后加入荸荠，快速炒好后，荸荠的营养成分会充分保留。再如水果炖汤，要先等其他原料慢慢炖熟后，最后放入水果，煮开后就可食用。如果从一开始就把水果和其他原料一起煮，果肉很容易变形而且营养流失严重。

水果沙拉要选材新鲜

水果做成沙拉，也是非常受欢迎的瘦身小食品。水果沙拉的原料必须是新鲜的时令水果，水果按不同沙拉的要求切成想要的形状装盘后，摆放时间不宜过长，应尽早食用。不然，沙拉搁置太久，不仅会影响其外表美观，还会使水果沙拉的营养降低。另外，做水果沙拉要尽量少放蛋黄酱，因为里面脂肪含量高达80%，不利于瘦身。

易变色的水果适宜做汤羹

有些水果一旦切开，果肉与空气接触，就非常容易变色，如苹果、梨等等。这类易变色的水果不太适合用作炒菜，最好做成汤羹之类，例如苹果玉米羹、鸭梨瘦肉汤等等。

蔬菜水果一起上，低脂轻松享“瘦”

水果中含有丰富的食物纤维，这些食物纤维在胃中吸收水分易膨胀，让人产生饱足感。每天吃200～500克蔬菜，能满足身体对营养的需求。蔬菜和水果一起上，无论是搭配成耳目一新的汤羹，还是开胃爽口的果菜，或是颜色鲜亮的沙拉零食，都能为身体提供足够的维生素C、胡萝卜素、矿物质和膳食纤维。

而它们最难得的特质还是低脂，无论怎么配、怎么吃，你都能毫无负担地在享受美味的同时轻松享“瘦”。而低脂轻松享“瘦”的秘诀，就在于5个字：鲜、杂、净、生、嫩。

鲜，是指吃水果、蔬菜时，尽量选择新鲜应季的蔬果。新鲜蔬果里含有的维生素C比较多，可以帮助肌肤抗氧化、防衰老。

杂，是指种类要丰富多样。食物之间的营养元素具有高度的互补性，多种食物搭配在一起，里面的营养素更容易被身体所吸收，比如钙和蛋白质、锌等。每天食用的蔬果达8种甚至以上就很好，做果蔬沙拉时，也可以就手边的水果尽量多加。

净，干净卫生是任何饮食都必须注意的要点。蔬菜和水果在种植、运输、储存过程中极易被病菌感染，加上表面的农药残留，因此在食用之前，一定要清洗干净。

生，有些蔬果，生吃要比熟吃好，生吃能保持肠道的年轻。不过，是否生吃要结合自己的体质，怕冷、畏寒、胃肠功能不好的尽量不要生吃。也有适宜熟吃的，例如番茄，番茄中的β胡萝卜素和茄红素，加热后能发挥最大的效应。

嫩，嫩的蔬菜和水果里，生物活性物质比较多，如毛豆、芦笋、嫩玉米、青苹果等，只有选择嫩的时令蔬果，才鲜活且脂肪含量低，身体就会快乐享“瘦”。

对照体质选水果，这样吃就对了

用水果来做饭菜，真是美味又减脂，但是在瘦身之余，我们也不能忽略健康。由于人的体质有寒热之分，所以选择水果大有讲究，如热性体质的人适合吃寒凉性水果，寒性体质的人适合吃温热性水果等。只有了解后，才能瘦并健康着。

热性体质&寒凉性水果

热性体质特点：

面色潮红，易口干舌燥、上火便秘，体内的新陈代谢很旺盛，女性则表现为生理周期常提前。

寒凉水果特点：

味甘，含水量大。如火龙果、梨、草莓、枇杷、番茄、西瓜、香蕉、猕猴桃、柚子、柿子等。

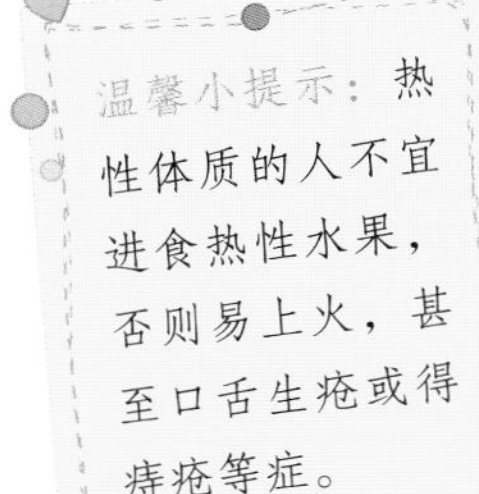

寒性体质&温热性水果

寒性体质特点：

面色苍白，易体虚盗汗、浑身乏力、尿多色淡，免疫力差，皮肤粗糙，对食物的消化吸收能力不佳。

温热性水果特点：

味甘，性温，含水量少，糖分高。如荔枝、樱桃、金橘、龙眼、水蜜桃、榴莲等。

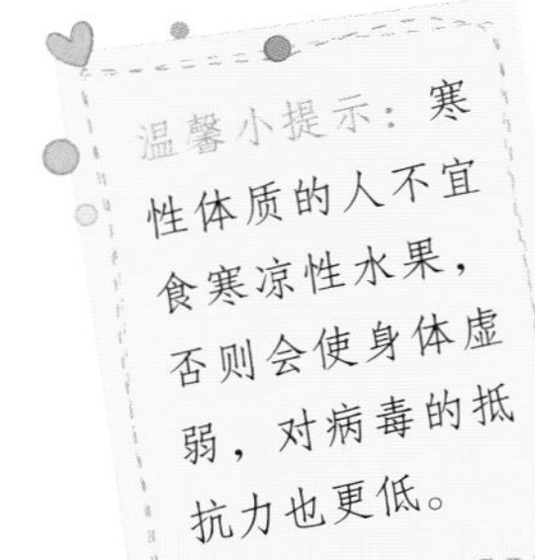

任何体质&平性水果

平性水果特点：

除了寒凉性水果和温热性水果，还有一类水果属于平性水果，其味甘酸，性平。如苹果、芒果、木瓜、甘蔗、柳橙、葡萄、菠萝、柠檬等。

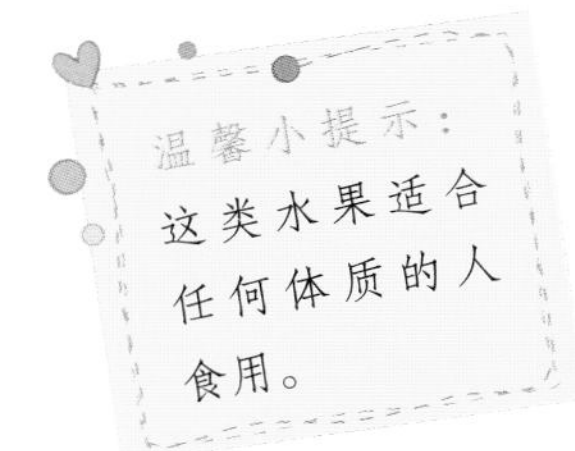

果饭 扎实易饱免发胖

○ 五彩水果炒饭

果饭材料：

苹果1/4个，菠萝1片，草莓6个，洋葱1/4个，米饭2碗，盐1汤匙，食用油2大匙，胡椒粉少许。

果饭细解：

1. 苹果洗净后连皮切丁，用盐水过一下后沥干。

2. 草莓、菠萝和洋葱均切丁。

3. 锅中放2大匙油，炒香洋葱丁后，放入米饭及水果丁炒匀即可。

温暖小提示：

颗颗饱满的米饭搭配五彩的水果食用，营养丰富、扎实易饱，但是炒饭所选用的水果，质地以脆爽且含水分少的较为理想。若感觉炒饭太过油腻，可搭配几片杨桃一起食用，则口感风味更佳，也能消食健胃。

女人“饭”语：

草莓富含多种营养成分，且很容易被人体消化、吸收，多吃也不会受凉或者上火，是老少皆宜的健康食品。

○ 橙味小汤圆

女人"饭"语：

● 糯米粉营养十分丰富，含有蛋白质、脂肪、糖类、矿物质、烟酸、淀粉等多种成分，为温补的好食品。糯米做成的汤圆，非常易饱。

● 橙汁含有丰富的维生素C等营养成分，和汤圆融合在一起，酸甜可口，营养又不易发胖。

果饭材料：

糯米粉2500克，橙子3个，白糖750克，熟面粉150克，猪油适量，瓜子仁25克，核桃仁25克，芝麻25克。

果饭细解：

1. 将100克熟面粉、500克白糖及猪油、瓜子仁、核桃仁、芝麻等混合在一起，搅拌均匀，然后倒入用50克熟面粉加水调成的糨糊，揉搓成馅，切成玉米粒大小的小方丁。

2. 在箩筐内放糯米粉，将浸过糨糊的小方丁放入滚动，滚成大小适中的汤圆。

3. 将橙子切成两半，挤出橙汁备用。

4. 往锅内加水，煮沸后倒入汤圆，待汤圆浮上水面时，加入余下的白糖和橙汁。待白糖溶化后就可盛入碗中。

温暖小提示：

糯米面比较黏腻，制成糕点和汤圆，比普通谷物要难消化些，因此消化能力弱者和糖尿病患者少食或者不食。

如何更美味

挤出的橙汁放置半个小时以上，里面的营养维C成分容易挥发掉，所以，做这道小食品时，橙汁一定要现榨现用。

○ 苹果玉米鸡蛋羹

果饭材料：

苹果1/2个，甜玉米2个，鸡蛋1个，冰糖少许。

果饭细解：

1. 将苹果去皮切成小丁；剥取玉米粒，洗干净后放入锅中用水煮熟。

2. 向煮玉米的锅中加冰糖和切好的苹果丁。然后将鸡蛋打散倒入，搅拌开，即可起锅。

温暖小提示：

这道羹清甜爽口，营养丰富又美味，如果往里面加一些奶制品，会使羹更加浓稠，味道也更鲜美。

女人"饭"语：

● 玉米中含有大量的营养保健物质，除了碳水化合物、蛋白质、脂肪、胡萝卜素外，还有核黄素等营养物质。玉米中的维生素含量非常高，是稻米、小麦的5～10倍。多食玉米，不仅健康又营养，而且不易发胖。

● 苹果酸甜可口，营养丰富，是非常理想的瘦身水果。苹果中富含的粗纤维，可促进肠胃蠕动，还有大量的镁、铁、碘等微量元素，可使皮肤细腻、红润、有光泽。

○ 果丁牛奶粥

果饭材料：

苹果1/2个，菠萝1/2个，牛奶50毫升，粳米30克，冰糖少许。

果饭细解：

1. 菠萝去皮洗净，切成丁状；苹果去皮和核，也切成小丁。

2. 粳米洗净后，放入锅中，用小火慢慢熬成粥状，然后加入菠萝丁、苹果丁和少许冰糖，再倒入牛奶，用勺子搅拌均匀后，小火煮开即可。

温暖小提示：

选择什么样的水果煮粥，除了根据自己的口感、喜好外，还要依据水果的寒凉与温热性质来定。如果气候转炎热，应尽量选择凉性水果入粥。体质虚寒的要选温热性质的水果。寒凉类水果有柑、橘、荸荠、香蕉、雪梨、西瓜等；温热类水果有枣、栗子、桃、龙眼、荔枝、葡萄、樱桃、石榴、菠萝等。

女人“饭”语：

● 水果尽管不能当主食，但放入浓粥中一起食用，真是清新爽口又健康美味。此款果丁牛奶粥选择了营养排名靠前的菠萝和苹果，可谓是强强联合。

女人"饭"语：

● 大米中的碳水化合物可以增加一定的饱足感，补充人体能量所需。

● 菠萝有很好的食疗保健作用，它含有的菠萝蛋白酶能溶解导致心脏病发作的血栓，防止血栓的形成，大大减少心脏病人的死亡率。菠萝中所含的糖、盐及酶还有利尿、消肿的功效。

○ 甜蜜水果饭

果饭材料：

大米300克，草莓3个，菠萝1/4个，葡萄干50克，淡奶油4汤匙，白糖1汤匙。

果饭细解：

1. 将菠萝去皮洗净并切成小块备用。
2. 将草莓对半切开，葡萄干洗净备用。
3. 将大米淘洗干净，加入葡萄干，放进电饭锅煮熟。
4. 往煮熟的米饭中依次加入菠萝块、白糖、淡奶油，用勺子拌匀后焖煮5分钟，然后加入草莓。
5. 将水果饭盛到碗内压实，倒扣在盘内即可。

温暖小提示：

因为草莓比较软，加热后不好看且容易变酸，所以要最后加入。此外，这道水果饭也可以用自己喜爱的其他水果来做。

如何更美味

可用奶粉和椰浆粉泡成椰奶倒入锅中，然后用小火熬成浓浆，待冷却后浇在饭上，口感会更佳。

○ 牛奶苹果饭

果饭材料：

米饭300克，苹果1个，牛奶2汤匙，黄油少许，糖1汤匙，盐少量。

果饭细解：

1. 往米饭中加入牛奶，大火煮开后，转为小火继续煮10分钟左右，期间要不停地搅拌，让米饭充分吸收牛奶。
2. 关火，加入盐（少量）、黄油、糖，搅拌均匀。
3. 将苹果洗净去核，切成大小合适的块状。
4. 将米饭放凉后，加入一定量的苹果块即成。

温暖小提示：

牛奶营养丰富，能够补充人体所需的微量元素和大量的蛋白质，搭配苹果这种维生素含量极高的水果，能够起到很好的互补作用。但是牛奶虽好，也不宜多喝，对于燥热型体质的人来说，过多地摄取牛奶较容易上火。

女人"饭"语：

● 牛奶是人们日常生活中喜爱的饮食之一，牛奶中含有丰富的钙、维生素D以及人体生长发育所需的氨基酸，消化率可高达98%，是其他食物无法比拟的。牛奶除不含纤维素外，几乎含有人体所需各种营养物质，其蛋白质的含量为3.5%～4%。

● 苹果具有极强的抗氧化功能，每天食用1个苹果，不仅能够美白、抗衰，还能提高人体自身的免疫力。

○ 苹果葡萄干靓粥

果饭材料：

大米100克，苹果1个，葡萄干10粒，蜂蜜2汤匙。

果饭细解：

1. 将大米洗净沥干，苹果洗净后去核切块。

2. 往锅中加入10杯水，煮开后放入大米和苹果，继续煮至滚沸时稍微搅拌，改中小火熬煮40分钟。

3. 将葡萄干和蜂蜜放入碗中，倒入滚烫的粥拌匀即可食用。

温暖小提示：

蜂蜜的食用时间大有讲究，一般在饭前1～1.5小时或饭后2～3小时食用比较适宜；胃肠道疾病患者，则应根据病情确定食用时间，以利于发挥其医用价值。

女人"饭"语：

● 1个中等大小、未削皮的苹果可提供3.5g纤维质，仅合80卡热量，对于促进消化、瘦身有很好的效果。

● 蜂蜜中含有多种活性酶与可被人体直接吸收的葡萄糖、果糖，同时还含有20余种促进人体生长和代谢的维生素。

○ 西米樱桃桂花粥

果饭材料：

西米100克，樱桃10颗，白砂糖100克，桂花10克。

果饭细解：

1. 将新鲜的樱桃洗干净，去核，用适量白砂糖腌好。

2. 西米淘洗干净，用冷水浸泡2小时后，捞起沥干水分。

3. 往锅内加清水，倒入西米，用旺火煮沸后改用小火，煮至西米浮起呈稀粥状。加白砂糖和桂花，搅拌均匀，然后加樱桃烧沸。待樱桃浮在粥面上，即可盛起食用。

温暖小提示：

樱桃含铁多，加之里面含有一定量的氰甙，若食用过多，会引起铁中毒或氢氧化物中毒，所以，再好再有营养的食物，食用时也一定不要过量。樱桃性温热，热性病及虚热咳嗽者要忌食。此外，还要记住，樱桃和生葱不能同时食用。

女人"饭"语：

西米有健脾、补肺、化痰的功效，还能使皮肤变得格外润泽。把西米和樱桃熬成粥食用，能益气补血又滋养皮肤，因而非常受女性欢迎。

如何更美味

如果不喜欢西米，可以用黑米代替。在炎热的季节，将这道粥放入冰箱冷藏一会儿再食用，不仅能消暑，还更美味。

女人"饭"语：

● 糯米性味甘，有补虚、补血、健脾暖胃等功效，适用于脾胃虚寒所致的反胃、食欲减退、泄泻和气虚引起的气短无力、妊娠腹坠胀等症。同时，糯米还具有收涩作用，对尿频、自汗有较好的食疗效果。

● 莲子、花生、杏仁均属于坚果类食品，大多数坚果具有很高的油脂和植物性蛋白质，若经常食用，可以防治心脑血管疾病。

○ 干蒸八宝果饭

果饭材料：

糯米300克，莲子20颗，葡萄干20粒，枸杞10粒，杏仁10颗，肥膘肉100克，花生仁（生）10粒，冰糖100克，白砂糖270克，猪油（炼制）30克。

果饭细解：

1. 将糯米淘洗干净，入开水锅煮一下，冷水过净后摊放在白稀布上，上笼蒸熟后取出，装入盆内；然后放入白糖、猪油和冰糖拌匀。

2. 莲子去皮、去心，入沸水锅煮3分钟后捞出；花生米用开水泡发，去皮后上笼蒸发；肥膘肉煮熟，切成小丁；枸杞、葡萄干用温水泡发洗净。

3. 将以上配料，加入糯米饭拌匀，上笼蒸约1小时后取出，用筷子将其挑松装入盘内，撒上杏仁即可。

温暖小提示：

制作这道果饭的时候可以先用冷水将糯米浸泡一段时间，再去蒸煮，则口感更佳。糯米虽好，却不易消化，所以对于脾胃弱者，不宜多食。坚果类的食品蛋白质含量约为36%、脂肪含量约为58.8%、碳水化合物含量为72.6%，此外还含有维生素、微量元素（磷、钙、锌、铁）、膳食纤维等，所以建议每天可食用4~5颗。

低热量、促食欲

○ 山药水果羹

果菜材料：

山药2根，鸭梨1个，苹果1个，椰果适量，冰糖少许。

果菜细解：

1. 山药去皮切段，用热水焯一下后捞出放入碗中；将鸭梨、苹果和椰果洗净去核并切成小丁。

2. 用冰糖和清水在锅中调制芡汁，再放入鸭梨、苹果和椰果进行短暂的翻煮。最后将煮好的水果倒在山药上即可。

温暖小提示：

各类山药中，以铁棍山药为最好，相对于普通山药来说，其营养价值更高。

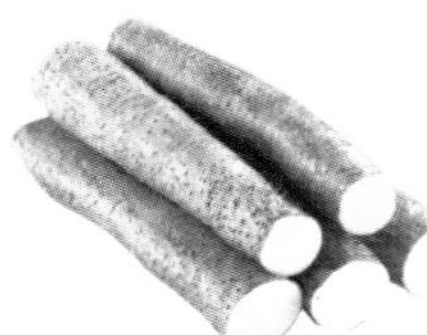

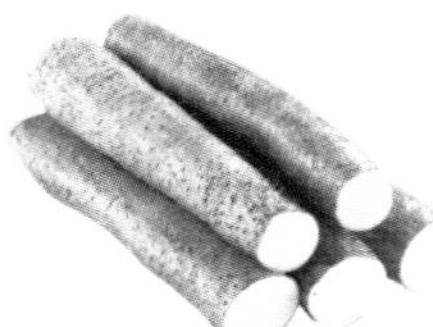

女人"菜"语：

● 山药具有补气润肺的功用，既可切片煎汁当茶饮，又可切细煮粥喝，对虚性咳嗽及肺痨发烧患者都有很好的治疗效果，为滋阴养肺之上品。若将山药搭配各种水果食用，不仅能促进食欲，还可以健脾健胃。

○ 柠檬黄瓜泡菜

果菜材料：

柠檬2个，黄瓜1根，枸杞7颗，大蒜20克，白糖30克，盐10克。

果菜细解：

1. 将1个柠檬切开、榨汁，加入白糖、盐调汁备用。
2. 将另1个柠檬洗净切片备用；黄瓜洗净切片，加盐腌3分钟备用。
3. 大蒜切片，枸杞泡发备用。
4. 将黄瓜片、柠檬片及配料泡入调好的柠檬汁中，腌制30分钟后即可食用。

温暖小提示：

黄瓜的热量很低，对于高血压、高血脂以及合并肥胖症和糖尿病患者，是一种理想的食疗蔬菜。黄瓜可以生吃、凉拌、炒食、腌制和酱制，但是黄瓜经柠檬汁腌制后虽开胃，却也不宜多食。

女人"菜"语：

● 黄瓜所含的丙醇二酸，有抑制糖类物质在机体内转化为脂肪的作用，常吃黄瓜，既可减肥、降血脂血压，又可使体形健美、身体康健。

● 枸杞能滋补肝肾、益精明目，具有很好的药用价值。

○ 凉拌西瓜皮

果菜材料:

西瓜皮500克，盐2克，白糖适量，醋3毫升，芝麻油2毫升。

果菜细解:

1. 去掉西瓜皮上附着的瓜瓤和果皮。
1. 将西瓜皮切成丝，用盐腌制半个小时。
1. 倒掉腌出的水，加入适量的盐、白糖、醋、芝麻油，搅拌均匀即可。

温暖小提示：

西瓜清热解暑，特别适合夏天食用。由于西瓜皮内的瓤比西瓜肉具有更佳的利尿作用，所以对于水肿型肥胖症患者来说，是极佳的瘦身食材。再加上西瓜皮并不像西瓜肉含有很高的糖分，对于下半身因血液循环不良造成的水肿有很好的改善作用，而且能使腿部变得更均匀纤长。

女人"菜"语：

● 西瓜皮，性甘凉，具有良好的清热解暑的功效。新鲜的西瓜皮富含维生素和维生素B_3，还含有多种有机酸及钙、磷、铁等矿物质，能够满足人体对这些物质的需求。

○ 菠萝咕噜肉

果菜材料：

菠萝1/2个，猪肉200克，番茄酱20克，鸡蛋1个，面粉30克，生粉20克，胡椒粉0.5克，食用油、盐、料酒、生抽各适量，葱段、姜片各适量。

果菜细解：

1. 将猪肉切成小块儿，用盐、料酒、生抽腌一会儿；菠萝去皮切块备用；将鸡蛋打入碗中；将面粉和生粉混合均匀。

2. 在腌好的猪肉上蘸上少许蛋液，倒入面粉和生粉中裹匀。

3. 将裹好的猪肉入油锅炸至表面金黄，捞出。

4. 热锅中留少许油，下葱姜炒香，倒入菠萝翻炒至出汁。

5. 加入番茄酱和少许清水，煮沸后加入炸好的猪肉，小火收汁，加入味精和胡椒粉起锅。

温暖小提示：

菠萝既是盛夏消暑、解渴的珍品，也是极好的健康减肥水果。制作时，菠萝应选用较甜的品种，不必用盐水浸泡；可适当地加入少许红绿相间的甜椒作为配菜，以增进番茄酱酸甜的味道，同时使菜肴色泽美观；猪肉以选用较瘦的肉为好，从而降低一定的热量。

女人"菜"语：

● 菠萝味甘，微酸，性微寒，有清热解暑、生津止渴、利小便的功效，可用于伤暑、身热烦渴、消化不良、小便不利、头昏眼花等症。此外，菠萝汁中含有一种跟胃液相似的酵素，可以分解蛋白质，帮助消化吸收。

● 猪肉富含无机盐、铁、磷、钾、钠等多种营养元素，维生素B_1的含量也相当高，经常食用，对人体大有益处。

○ 龙眼肉球

果菜材料：

鸡脯肉300克，龙眼10颗，鸡蛋1个，蚝油10克，水淀粉20克，花椒粉0.2克，鸡精0.2克，盐、料酒、食用油、葱段、姜片、蒜片各适量。

果菜细解：

1. 将鸡脯肉剁成肉末，加入鸡蛋、盐、蚝油、料酒，顺时针搅拌。
2. 将鸡肉搓成丸子，放油锅里中火炸成金黄色。
3. 龙眼剥壳去核备用。
4. 热锅热油，下葱、姜、蒜翻炒。
5. 加入龙眼肉、丸子、花椒粉、鸡精、盐、蚝油炒熟，最后用水淀粉调汁勾芡即可。

温暖小提示：

制作这款菜肴时，鸡肉丸子炸制的时间不宜过长，否则会将水分炸干，导致口感不佳。

女人“菜”语：

● 龙眼，对治疗怔忡、心虚、头晕效果显著。此外，龙眼还具有补气养血的功效，对神经衰弱、更年期妇女心烦出汗、智力减退有很好的疗效，是健脑益智的佳品。

● 常食鸡肉，对营养不良、畏寒怕冷、乏力疲劳、月经不调、贫血、虚弱等症有很好的治疗效果。

○ 木瓜炒虾球

果菜材料：

鲜虾500克，木瓜1/2个，盐适量，料酒1汤匙，小苏打20克，鸡蛋1个，淀粉20克，色拉油10毫升，葱、姜少许，食用碱、淀粉、鸡精各少许。

果菜细解：

1. 虾去头、去壳、去虾线、留尾；从虾尾背部入刀，剖至2/3处；将剖好的虾放入盆中，加少量食用碱，抓洗至虾仁变白；将处理过的虾仁置于流水下冲洗并沥干水分。

2. 将沥干水分的虾放入碗中，加盐、鸡精、料酒、少许蛋清、淀粉及色拉油拌匀，然后放入冰箱腌30分钟。

3. 木瓜去皮、去籽，切方块备用。

4. 锅内加水烧开，下入腌好的虾球，即卷即捞；将烫好的虾球放入冰水过凉，沥干水分备用。

5. 炒锅内放少许色拉油，待油三成热时，下葱、姜爆香，然后放入虾仁与木瓜，加少许盐、鸡精调味后，快速翻炒几下即可。

温暖小提示：

处理虾仁时，用食用碱抓洗一会儿，可使虾仁晶莹透白；焯虾与翻炒虾仁时，动作要快，以保证虾仁的鲜嫩。

女人“菜”语：

● 虾含有丰富的蛋白质且脂肪含量较低，较适合减肥人群食用。

● 木瓜含有大量的膳食纤维，能够促进肠胃吸收。

○ 奶香芒果鸡块

果菜材料：

鸡腿3个，芒果1/2个，鲜奶50毫升，盐、白胡椒粉各少许。

果菜细解：

1. 鸡腿去骨、切块，用少许盐拌匀，稍微腌制一会儿。
2. 芒果去皮去核，切成小块备用。
3. 热锅放油，下入腌好的鸡腿肉，中小火稍煎一会儿，直至肉质收紧并出香味、呈金黄色，再加一点盐和白胡椒粉调味。
4. 沿着鸡肉淋一圈鲜奶，轻轻翻炒，使鸡肉充分吸收鲜奶汁。
5. 熄火，加入芒果块，利用锅的余温，将芒果与鸡肉拌匀即可。

温暖小提示：

制作此款菜肴时，鸡肉只需稍微用盐腌制即可；芒果宜最后加入，不仅能保持其新鲜果味，也不至于因烹煮时间过久而变得熟烂。

女人“菜”语：

芒果色、香、味俱佳，且营养丰富。食用芒果，有解渴、益胃、利尿的功效。

鸡肉与牛肉、猪肉相比，蛋白质的质量较高，脂肪含量较低。此外，鸡肉中含有人体所需的氨基酸，其含量与蛋、乳中的氨基酸谱式极为相似，可谓是优质的蛋白质来源。

○ 水果杏仁豆腐

果菜材料：

嫩豆腐100克，杏仁10克，砂糖3汤匙，西瓜肉150克，苹果50克，杏仁露3汤匙。

果菜细解：

1. 将嫩豆腐切成方块，焯水后备用。
2. 将西瓜肉、苹果肉切丁。
3. 锅中注入清水，煮沸后加入适量砂糖，制成糖水；待糖水晾凉后，加入杏仁、杏仁露、豆腐及各种水果丁即可。

温暖小提示：

豆腐一直都是中国人餐桌上最常见的菜肴之一，豆腐中含有大量的植物蛋白，能够代替动物蛋白补充人体所需的能量，但又不会造成胆固醇偏高的问题。杏仁、豆腐搭配水果一起食用，在增加其风味的同时也能够平衡营养。制作此款菜肴时，宜选用口感较佳的嫩豆腐。

女人"菜"语：

● 豆腐是高营养、高无机盐、低脂肪、低热量食物，其丰富的蛋白质有利于增强体质和增加饱腹感，适合素食者和单纯性肥胖者食用。

● 杏仁能止咳平喘、润肠通便，治疗肺痛、咳嗽等疾病；此外，杏仁富含维生素E，有美容功效，能促进皮肤微循环，使皮肤红润有光泽。

● 西瓜具有清热解暑、生津止渴、利尿除烦的功效。

汤水最能消浮肿

○ 木瓜绿豆海带汤

果汤材料：

木瓜1个，绿豆75克，海带丝38克，瘦肉300克，陈皮1小块，盐少许。

果汤细解：

1. 木瓜去皮、去籽，切成块；瘦肉洗净后切成小方块，焯水后捞起待用；绿豆、海带丝、陈皮洗净备用。

2. 砂锅中放适量清水，再放入海带丝、瘦肉、绿豆、陈皮，大火烧开，然后转小火炖2个小时。

3. 放入木瓜，再炖15分钟，加盐调味即可。

温暖小提示：

绿豆和海带都是寒凉食物，寒性体质者应慎食。

女人"汤"语：

● 木瓜含有大量水分、碳水化合物、蛋白质、脂肪、多种维生素及人体必需的氨基酸，不仅能有效补充养分，还能排除体内毒素。

● 绿豆有清热、解毒、祛火之功效，可以降低胆固醇，在炎热的夏季，绿豆汤是排毒养颜的首选佳品。海带也是非常理想的排毒食物。

○ 菠萝鲜鸡汤

果汤材料：

菠萝1/2个，鸡胸肉200克，料酒1汤匙，淀粉1/2汤匙，姜片、盐、鸡精、食用油各适量。

果汤细解：

1. 将菠萝去皮、洗净切成小块，放在盐水中浸泡15分钟，盐水以一般做菜的咸度为准。

2. 鸡胸肉洗净切片，加料酒、适量的盐和淀粉拌匀腌好；姜片切成丝。

3. 锅烧热后，倒入食用油，烧至5成热时放姜丝爆香，下鸡胸肉，翻炒几下，放入菠萝块；加水，煮开后加盐、鸡精调味，即可出锅食用。

温暖小提示：

菠萝一定要挑选新鲜成熟的。如果喜欢用菠萝入菜，还可以做菠萝虾仁、菠萝咕噜肉、菠萝炒鸡丁等等。菠萝特别适宜身热烦躁者，肾炎、高血压、支气管炎、消化不良者也宜食用，有解燥、利尿、治疗多种炎症等功效。不过，要尽量避免菠萝和蜂蜜同食。

女人“汤”语：

● 菠萝营养极其丰富，除含有蛋白质、粗纤维、有机酸等外，还含有人体必需的维生素C、胡萝卜素、尼克酸等营养元素。菠萝果肉里的蛋白酶能帮助蛋白质消化，增进食欲。

● 菠萝与肉同炒，果香配肉香，酸甜爽口，开胃又提神。菠萝不适合用来煲汤，但做滚汤效果就很好，像菠萝鸡片汤，加入菠萝后，水一煮开即可盛出，果香四溢，口感绵爽，令人回味无穷。

○ 鸭梨瘦肉汤

果汤材料：

新鲜鸭梨2个，瘦肉80克，百合20克，盐适量，枸杞少许。

果汤细解：

1. 将鸭梨洗干净，去皮除核，切成小块；瘦肉整块洗净后切成小块；百合洗净。

2. 锅内加清水，烧开后，依次下入瘦肉、鸭梨、百合，用旺火烧至滚烫，然后改中火，渐至用文火煲约2小时。最后放入枸杞、盐调味。

温暖小提示：

这款汤可加油、盐调味，也可以淡饮，要根据个人口味来定。梨有降低血压、清热镇静的作用。所以，高血压患者、心脏病患者如有头晕目眩、心悸耳鸣症状时，可以把梨当作优良的滋补佳果，多食大有好处。

女人“汤”语：

- 鸭梨肉脆多汁，酸甜可口，富含多种维生素和糖、蛋白质、脂肪、碳水化合物等营养成分，它的最大特点是润肺去噪、止咳化痰，此外，还能利尿、通便、助消化。
- 百合同样有润肺止咳、清心安神的作用，与鸭梨、瘦肉慢火熬成汤，特别适宜在秋季喝。因为秋季干燥，容易缺水，这道汤非常适合解秋燥。

○ 荸荠胡萝卜汤

果汤材料：

胡萝卜2个，荸荠5个，香菜2根，盐适量。

果汤细解：

1. 荸荠去皮，洗干净后切成丁块；胡萝卜去皮，洗净后切成厚薄适中的片状；香菜切成小段。

2. 将胡萝卜和荸荠一同倒入煲中，加入适量清水，用文火煲约3小时。待盛起时，加入香菜和盐调味。

温暖小提示：

这道菜非常适合发烧病人食用。荸荠营养丰富，生吃、熟吃都可以，但它属生冷食物，脾肾虚寒者尽量少吃。此外，胡萝卜不宜和酒同食，会造成胡萝卜素与酒精一同进入体内，对肝脏的健康有不好影响。

女人"汤"语：

● 胡萝卜是质脆味美、营养丰富的家常蔬菜，含有糖类、脂肪、挥发油、胡萝卜素、维生素A、B族维生素、花青素、钙、铁等营养成分。多吃胡萝卜，对保护视力、滋养皮肤、预防心脏疾病等都有很好的作用。

● 荸荠属寒性食物，有泻火的作用，既可清热生津，又可补充营养。

○ 桂圆鸡蛋汤

果汤材料：

桂圆肉干20克，红枣适量，鸡蛋1个，红糖适量。

果汤细解：

1. 桂圆肉干和红枣用温水清洗干净。
2. 把桂圆肉干和红枣放入碗中，加温开水和适量红糖；然后将鸡蛋磕开，整个放进去，不需要打散。
3. 将碗放锅内蒸10～20分钟，以鸡蛋蒸熟为准。

温暖小提示：

新鲜桂圆肉质感滑腻，水分更为充实，但是它的保存时间不长，把它制成干桂圆，易于保存，营养价值也不会减少，所以，做汤时，直接选用干桂圆就可以了。桂圆尤其适合体质虚弱、记忆力下降、头晕失眠者食用。不过，孕妇不宜过多食用。

女人“汤”语：

● 桂圆含有能被人体直接吸收的葡萄糖，多吃桂圆有补血安神、健脑益智、补养心脾的功效。尤其对病后需要调养及体质虚弱的人有很好的补益作用。

● 桂圆汤里加鸡蛋，口感甜蜜，益气又补血，还有非常不错的美容效果。

○ 海带苹果瘦肉汤

果汤材料：

瘦肉50克，苹果2个，海带100克，蜜枣2～3个，盐少许。

果汤细解：

1. 瘦肉洗净后，切丁，焯水备用。
2. 海带泡水洗净，切成宽丝备用。
3. 苹果去核、切块，洗净备用。
4. 加清水煮滚，放入所有材料，大火煮20分钟，转小火煲1小时，下盐调味即可。

温暖小提示：

苹果是十分适宜煲汤的水果，煲出的汤水酸甜可口，还有着不一般的去脂效果；海带是理想的排毒养颜食物，其中所含的碘可以促进有害物质的排泄，硫酸多糖可以促进胆固醇的排出，甘露醇具有良好的利尿作用，可以治疗药物中毒、浮肿等症。

女人"汤"语：

- 苹果富含多种维生素，具有生津、润肺、健脾、益胃、养心、解暑、醒酒等功效。
- 海带含多种矿物质，除了可防治人体缺钙外，其丰富的膳食纤维，还有助于减肥。
- 这道海带苹果瘦肉汤能消脂减肥、清理肠胃、清肺热、美肌肤，最适合脸色苍白、皮肤干燥粗糙的人士饮用。

○ 青苹果芦荟汤

果汤材料：

青苹果1个，芦荟10克，冰糖少许。

果汤细解：

1. 青苹果洗净、去皮，切成块状；芦荟洗净，去刺后切成小段。

2. 锅中注入适量清水，放入苹果、芦荟、冰糖，小火慢炖15分钟左右即可。

温暖小提示：

芦荟汁略显苦味，制作这款汤时可适当减少用量，一般的标准是每人每天不宜超过15克。

女人"汤"语：

● 芦荟含有多种碳水化合物以及氨基酸、维生素、矿物质等成分，营养价值比较高，人体食用后不但能补充微量元素，还能起到清热消火、排毒养颜的作用。食用芦荟的方法有很多，比如将芦荟做成沙拉，或者将芦荟与肉类一起烹饪，另外还可以将芦荟作为原料入汤。而自己在家食用的话可以直接将芦荟去刺去皮，用清水洗净，再用开水烫热后食用，比较简单方便。

● 将芦荟配上青苹果炖制，滋润清甜，又具有补中益气、生津健胃、养颜养生、清肝热的疗效，闲时来一盅，既润心又润肺。

○ 苹果鱼片汤

果汤材料：

苹果2个，生鱼片100克，生姜3克，料酒、盐各少许。

果汤细解：

1. **将苹果、生姜分别用清水洗净。**
2. **苹果去皮、去核，切成块状；生姜去皮、切片；**
3. **将生鱼片洗净，用盐、生姜、料酒腌制15～20分钟。**
4. **锅内加适量清水，猛火煮至沸腾后，加入上述材料，改用中火继续煮两个小时左右，放少许盐调味即可。**

温暖小提示：

一般建议购买整条鱼，自己加工鱼片；如果购买现成的鱼片，请选择有保障的商家。选购时，需观察鱼肉是否有弹性，是否有异味。

女人"汤"语：

● 鱼肉中含有丰富的不饱和脂肪酸（DHA），可以补充大脑所需的营养；同时，对降低血脂也有良好的效果。

● 苹果中的果香和鱼片搭配在一起相得益彰，不仅能够去除鱼片中的腥味，也能增加丰富的营养。

低热"果"然很给力

○ 番茄葡萄沙拉

水果零食材料：

小番茄100克，葡萄150克，冰糖20克，食用油适量。

水果零食材料：

1. 葡萄洗干净后，去皮，摆放在盘中央。小番茄对半切开，沿葡萄周围摆开，摆满一个圆圈。

2. 将炒锅烧热，加入少许食用油，放入冰糖和水，熬化成冰糖汁。然后淋在摆好的葡萄和小番茄上即可。

温暖小提示：

葡萄好吃，但去除葡萄皮可不像吃那么轻松、容易。有一个好办法：先将葡萄洗净，放入冰箱冷冻，然后取出放在温水中，浸泡至果肉软化，用手轻轻按压，葡萄果肉就会轻易脱皮而出。

女人"食"语：

- 葡萄含有蛋白质、氨基酸、卵磷脂、维生素、矿物质等多种营养成分，其中，糖分的含量很高，而且主要是葡萄糖，这些葡萄糖能很快地被人体吸收。
- 小番茄除了拥有番茄该有的营养成分外，其维生素含量也比普通番茄多。其所含的苹果酸、柠檬酸等有机酸，能增加胃酸浓度，促使胃液分泌，加速对脂肪和蛋白质的消化。葡萄和番茄淋上冰糖汁，酸甜美味又好看。

○ 五彩香瓜盅

水果零食材料：

小香瓜1个，橙子1个，猕猴桃1个，樱桃3个，苹果醋10毫升，柠檬汁和白砂糖各适量。

水果零食细解：

1. 将小香瓜从1/2处切开，只取一半，去籽，用小勺挖出全部瓜肉。瓜的边缘用小刀切成花齿状，留作盅用。

2. 橙子去皮，取出橙肉，切成小丁状。猕猴桃去皮切丁，樱桃洗净后也切成丁状。

3. 把苹果醋、柠檬汁和白砂糖调匀，拌入果丁中，调匀，然后装进香瓜盅即可。

温暖小提示：

苹果醋和柠檬汁都带有酸味，胃酸过多的人可将苹果醋换成蜂蜜，以减少酸性物质对胃部的刺激。

女人"食"语：

- 香瓜的甜香令人心旷神怡，富含的维生素和多种矿物质不仅能促进血液循环、帮助消化、预防口干舌燥，还能让皮肤水润。香瓜所含热量低，特别适合有强烈减脂需求的爱美一族。
- 香瓜和橙子、猕猴桃、樱桃搭配在一起，除能补充机体所需能量和营养素外，其丰富的维生素C也能让皮肤细嫩水润。

○ 多味冰激凌沙拉

水果零食材料：

香蕉1根，苹果1个，橘子1个，猕猴桃1个，香草味冰激凌球1个，草莓味冰激凌球1个，红樱桃2颗。

水果零食细解：

1. 香蕉、苹果、橘子、猕猴桃去皮，取出所需要的果肉量，按自己喜好切成任意大小的块状，放入玻璃碗中。

2. 把香草味和草莓味的冰激凌分别做成球状，放在水果上，再点缀红樱桃。食用时可用勺子搅拌均匀。

温暖小提示：

这道沙拉最大的特色在于香蕉、苹果、橘子、猕猴桃之间的本色搭配，绝对的原味呈现。里面的水果种类可根据应季时令水果，任意搭配。另外，香蕉不要放冰箱冷藏，最好的方法是用一根绳子系住香蕉，悬挂在通风处，这样就能保存得更久一些。

女人"食"语：

● 香蕉是最受大众欢迎的水果之一，它的果肉鲜嫩软滑、香甜可口，又有丰富的蛋白质、糖、钾、维生素A和维生素C，同时膳食纤维也多。

● 冰激凌含有优质的蛋白质和高糖高脂，还含有氨基酸及钙、磷、钾、钠等营养元素。其营养成分是牛奶的近3倍，在体内的消化率高达95%以上。各色水果和冰激凌搭配，颜色靓丽、口味多样，最重要的是能产生饱腹感。

○ 双瓜猕猴桃沙拉

水果零食材料：

西瓜1/4个，哈密瓜1/4个，猕猴桃1个，生菜5片，炼乳1大勺。

水果零食细解：

1. 哈密瓜、猕猴桃去皮，切成均匀的丁状；西瓜切开，去皮后，也切成丁状，注意把籽去掉。

2. 将生菜洗干净，泡入冰水中，使之吃起来更加清脆。一段时间后取出生菜，铺在碗底。把备好的西瓜、哈密瓜、猕猴桃果丁依次摆放在生菜上，最后淋上炼乳即可。

温馨小提示：

成熟度过高的哈密瓜不易保存，最好迅速吃掉。成熟度适中的哈密瓜可以用保鲜袋装好，放冰箱保存。另外，常吃哈密瓜能预防晒斑，这是因为哈密瓜中含有丰富的抗氧化剂，这种抗氧化剂能有效增强细胞抗防晒的能力，减少皮肤中黑色素的形成。

女人“食”语：

● 哈密瓜有“瓜中之王”的美称，其含糖量在15%左右。哈密瓜营养丰富，有止渴、防暑的作用，还能缓解身心疲劳。西瓜含有大量水分，能有效补充人体所需水分，是最佳的消暑佳品。

● 猕猴桃所含营养在水果中是极其丰富的，其维生素C和镁的含量最高。把这三种多汁的水果和炼乳组成一道清新的水果小食品，不仅提神醒脑，又美味可口。

◯ 樱桃小豌豆

水果零食材料：

樱桃4个，豌豆40颗，冰糖少许，糖桂花适量。

水果零食细解：

1. 豌豆洗干净后放入锅中加清水煮熟，捞出沥干水分，盛在盘中备用。樱桃洗干净待用。

1. 锅洗干净后，放适量清水，加冰糖。待冰糖溶化至黏稠时，放入糖桂花，搅拌均匀后，盛在碗中。把煮熟的豌豆放在上面，最后点缀上樱桃。

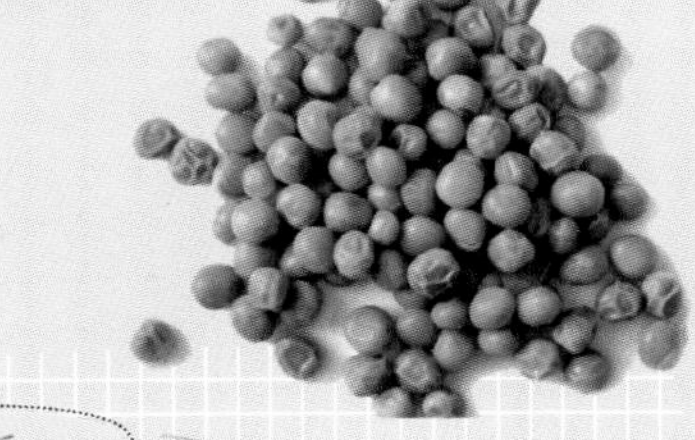

温馨小提示：

豌豆多食会发生腹胀，因此不适宜一次吃太多。豌豆若是与富含氨基酸的食物一起烹调，能明显提高其营养价值。

女人“食”语：

● 樱桃中铁的含量特别高，可以补充人体对铁元素的需求，促进血红蛋白再生，既能防治缺铁性贫血，又可增强体质、健脑益智。

● 豌豆含有人体所需的各种营养物质，其中的优质蛋白能提高机体的抗病能力和康复能力。豌豆中还含有粗纤维，能促进大肠蠕动，起到非常有效的清洁大肠作用。樱桃和豌豆，红绿鲜明，水果和蔬菜的营养搭配，热量超低。

○ 什果西米露

水果零食材料：

西米80克，牛奶150毫升，冰糖适量，黄桃1个，苹果1个，火龙果1/2个。

水果零食细解：

1. 将洗净的西米倒入沸水中煮至半透明状时捞出。

2. 再烧一锅水，将西米倒入，煮至全部透明后捞出。

3. 往另一锅中加入适量的牛奶和冰糖，加热2分钟后关火。将西米倒入，略煮。晾凉后放入冰箱冷藏。

4. 将所有水果洗净、去皮、切丁，放入冷藏好的西米牛奶中即可。

温暖小提示：

什果西米露中的西米含有一定的淀粉，能产生一定的饱腹感，可作为代餐（晚餐）食用，可减少晚饭摄取的热量，每天食用能够起到瘦身减肥的功效。夏天时冰镇后再吃，则口感更好。但是需要注意的是，西米不易软烂，使用前可用温水浸泡半小时，而且一次不要食用过多，以防损伤肠胃。

女人"食"语：

西米含88%的碳水化合物、0.5%的蛋白质、少量脂肪及微量B族维生素。西米颗颗晶莹剔透，入口爽滑，能使皮肤保持润泽状态。

○ 香瓜虾仁沙拉

水果零食材料：

香瓜1个，虾200克，白糖10克，柠檬汁和沙拉酱少许。

水果零食细解：

1. 用刨丝器将去皮的香瓜刨成丝状；去虾线，洗净备用。
2. 锅内烧水，待水烧开后将鲜虾放入锅中煮熟，晾凉后取出虾仁。
3. 将香瓜丝与柠檬汁充分拌匀后，放入冰箱中腌制2小时，使其充分入味。
4. 将虾仁撒在冷藏好的香瓜丝上，然后淋上沙拉酱即可。

温暖小提示：

虾仁中虽含有大量的蛋白质，但是其脂肪含量几乎为零，所以特别适合老人、小孩和孕妇食用。香瓜味甘性寒，不宜与田螺、螃蟹、油饼等同食。

女人食语：

● 香瓜含有苹果酸、葡萄糖、氨基酸、维生素C等丰富营养，特别适合在夏季食用，能用于治疗食欲不振、烦热口渴、热结膀胱、小便不利等症。

● 虾富含蛋白质，钾、碘、镁、磷等矿物质及维生素A、氨茶碱等成分的含量也较高，且肉质松软，易消化，对于身体虚弱及病后需要调养的人来说，是极好的食物。

椰果南瓜羹

水果零食材料：

南瓜1/4个，椰果25克，白糖10克。

水果零食细解：

1. 将南瓜去皮切成小丁；锅中加入适量的水煮沸。

2. 将南瓜丁放入锅中，调至小火，煮至软烂。

3. 将煮好的南瓜中加入白糖调味，最后在关火之前加入椰果。

温暖小提示：

中医认为，南瓜性味甘、温，归脾、胃经，有补中益气、清热解毒之功效，适用于身本虚弱、营养不良者。但是南瓜虽好，所含糖分相对较高，对于那些想减肥的人，每天食用的量一定要控制好。

女人“食”语：

● 南瓜含有丰富的胡萝卜素和维生素C，可以健脾，预防胃炎，使皮肤变得细嫩，并有中和致癌物质的作用。此外，南瓜中含有的南瓜多糖是一种非特异性免疫增强剂，能提高人体机能，促进细胞因子生成，通过活化补体等途径对免疫系统发挥多方面的调节功能。

● 椰果是由椰子汁加工而来的凝胶状物质，其中含有大量的膳食纤维，热量低，不含胆固醇，对人体具有明显的生理调节作用。

女人食语：

从中医的角度来讲，香蕉味甘性寒，具有清肠排毒的功效，对防治便秘有辅助作用；而猕猴桃中富含叶绿素和维生素E，有很强的抗衰美容作用。

黄瓜、番茄都是亦蔬亦果的食物，将它们用来做成零食吃，不用担心会造成肥胖。

蜂蜜拌果沙拉

水果零食材料：

香蕉2根，黄瓜1根，猕猴桃2个，红、黄小番茄各3个，蜂蜜适量。

水果零食细解：

1. 将香蕉、黄瓜、猕猴桃去皮后切成块备用。

2. 将红黄番茄对半切开备用。

3. 将香蕉、黄瓜、猕猴桃片放入盘中，加入蜂蜜搅拌均匀，点缀上红黄番茄片即可食用。

温暖小提示：

这款沙拉里面的水果也根据自己的喜好可任意搭配，但要注意，有些水果不可同食，如石榴不可与西红柿、西瓜同食；猕猴桃和樱桃不能与黄瓜同食等。

如何更美味

若觉得这款沙拉太过甜腻，可再加入适量的酸奶，酸奶有利于促进人体的消化吸收功能，其营养价值也很高，而且加了酸奶的沙拉尝起来酸酸甜甜的，非常开胃。

○ 七彩水果沙拉

水果零食材料：

小番茄5个，生菜5片，玉米粒适量，奶酪30克。

水果零食细解：

1. 往锅中加入适量清水，将玉米粒放入水中煮熟。

2. 将生菜清洗干净，撕成小片；将小番茄对半切开；奶酪切丝备用。

3. 将熟玉米粒放入盘中，加入切好的番茄、生菜叶、奶酪搅拌均匀即可。

温暖小提示：

将生菜放入这道沙拉时一定要洗净，若担心会有农药残留在上面，可先用盐水浸泡一会儿，然后再用清水冲洗即可。

女人食语：

玉米是粗纤维食物，和番茄等做成零食后，能健胃消食、生津止渴。

● 玉米还能帮助排出体内废弃物，对预防肥胖或便秘很有帮助。